Modification des fibres ultimes cellulosiques de palmier

Imene Derrouiche

Modification des fibres ultimes cellulosiques de palmier

Modification des fibres ultimes de palmier pour leur utilisation en application textile

Presses Académiques Francophones

Impressum / Mentions légales
Bibliografische Information der Deutschen Nationalbibliothek: Die Deutsche Nationalbibliothek verzeichnet diese Publikation in der Deutschen Nationalbibliografie; detaillierte bibliografische Daten sind im Internet über http://dnb.d-nb.de abrufbar.

Information bibliographique publiée par la Deutsche Nationalbibliothek: La Deutsche Nationalbibliothek inscrit cette publication à la Deutsche Nationalbibliografie; des données bibliographiques détaillées sont disponibles sur internet à l'adresse http://dnb.d-nb.de.

Coverbild / Photo de couverture: www.ingimage.com

Verlag / Editeur:
Presses Académiques Francophones
ist ein Imprint der / est une marque déposée de
OmniScriptum GmbH & Co. KG
Heinrich-Böcking-Str. 6-8, 66121 Saarbrücken, Deutschland / Allemagne
Email: info@presses-academiques.com

Herstellung: siehe letzte Seite /
Impression: voir la dernière page
ISBN: 978-3-8381-4007-0

SOMMAIRE

Introduction générale

Chapitre1 : Etude bibliographique

Liste des figures

Liste des tableaux

Introduction Générale

Actuellement, les procédés de traitement de rejet est l'un des soucis les plus importants des chercheurs. En effet, il existe deux tendances primordiales: l'une consiste à améliorer les produits existants et l'autre vise à développer des nouveaux procédés.

Plusieurs biomasses cellulosiques sont disponibles en Tunisie. Des nouvelles pistes de recherches sont apparues et sont en pleine expansion qui tente à exploiter la richesse naturelle Tunisienne afin de créer des produits biologiques et très utilisables.

La découverte des procédés d'extraction de la cellulose à partir de la biomasse a été un grand progrès pour les diverses industries. Ainsi, l'exploitation et la valorisation de la cellulose représente un intérêt économique et environnemental. En effet, cette matière première végétale possède des propriétés particulièrement attrayantes pour différents domaines industriels. Parmi ces propriétés on peut citer la biodégradabilité, la biocompatibilité, la perméabilité sélective ou encore les propriétés physico-mécaniques modifiables. Ainsi, les feuilles de palmier dattier, sont constituées d'un pourcentage très important de cellulose, qui présente une source très intéressante de biomasse cellulosique.

C'est dans ce cadre que se situe notre étude qui consiste en « Modification des fibres ultimes cellulosiques de palmier en vue de leur utilisation en application textile ».

La première partie se résume sur une étude bibliographique visant à présenter le palmier dattier, les différents procédés d'extraction et de modification chimique de la cellulose et de décrire les différents techniques de caractérisation. La deuxième partie, consiste en une étude expérimentale. En effet, on va tout d'abord optimiser le procédé d'extraction combiné (hydroxyde de sodium et eau oxygénée) de la cellulose à partir de palmier dattier afin d'obtenir une cellulose extraite avec un degré de blanc élevé, un bon rendement, une diminution de taux de lignine et sans altération de la fibre.

Ensuite, on va effectuer une modification chimique par greffage d'acide itaconique sur la fibre tout en modifiant la température, la durée, la concentration du monomère et la concentration de l'amorceur afin de trouver les conditions optimales permettant d'avoir un taux de greffage élevé sert à rendre ces fibres extraites et modifiées exploitables pour le traitement des effluents de l'industrie textile.

Une fois le greffage est optimisé, les supports seront caractérisés par l'identification de leurs groupements chimiques fonctionnels à l'aide de la spectroscopie infrarouge et par l'analyse de leur comportement thermique via la DSC. Finalement, j'ai achevé notre travail par une conclusion générale.

Chapitre 1
Etude Bibliographique

I. Présentation de la fibre de palmier

I.1. Généralités sur la fibre de palmier

Le palmier dattier provient du mot latin « phoinix » désignant dattier chez les phéniciens et dactylifera découle du mot grec daktulos ce qui signifie doigt qui ressemble à l'aspect du fruit. Le palmier dattier est une plante lignifiée et en plus vivace. Cette plante possède en général une tige dressée et non ramifiée appelée stipe ou tronc, terminée par un assemblée de grandes feuilles d'aspect penné (figure1). Cette espèce est cultivée depuis la haute antiquité surtout en Egypte et en Mésopotamie (environ 5000 avant J.C). Actuellement, le palmier dattier se trouve généralement dans les zones arides et semi-arides chaudes [1].

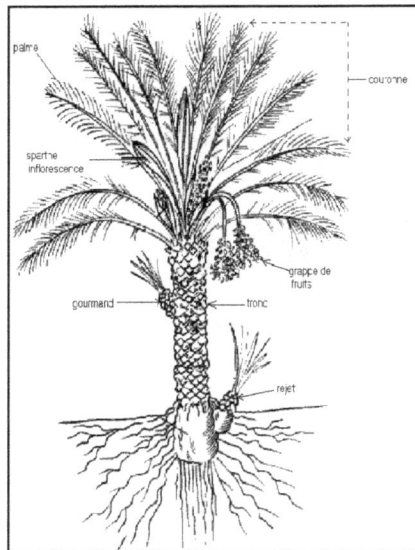

Figure 1. Une plante de palmier dattier [2].

I.2. Les matériaux lignocellulosiques dans le palmier

Le palmier dattier est composé de matériaux lignocellulosiques comme plusieurs autres fibres végétales qui sont des polymères de type : la cellulose, l'hémicellulose, les lignines et les pectines. Le tableau 1 résume les pourcentages de chacun de ces polymères contenu dans certaines fibres végétales [3].

Tableau 1. La composition chimique de quelques fibres végétales.

La fibre	Cellulose(%)	Lignine(%)	Pectines(%)	Hémi-cellulose(%)
Coton	85-90	0,5-1,6	5,7	5,7
Noix de coco	32-45	40-45	4	0,15-0,3
Jute	64,4-84	12-14	0,2	12-20
Palmier	32-35,8	26,7-28,7	-	24,4-28,1
Lin	64,1-81	2-3	0,9-1,8	16,7-20,6
Chanvre	68-92	10	0,9	15-22
Ramie	68,6-76,2	0,6-0,7	1,9-2	13,1-16
Sisal	65,8	9,9	0,8-2	12

I.2.a. La cellulose de palmier dattier

La cellulose est la molécule organique naturelle la plus abondante, elle découle de la famille des polysaccharides (figure2). En effet, elle est formée par la combinaison de plusieurs motifs β cellobiose (formé par la combinaison de deux motifs β-glucose) [4].

C'est une macromolécule à très longue chaîne de structure stéréorégulière formée de maillons de glucose. Le nombre de ces maillons (ou degré de polymérisation) varie suivant l'origine de la cellulose. Ce polymère est renouvelable d'où son grand intérêt du point de vue industriel.

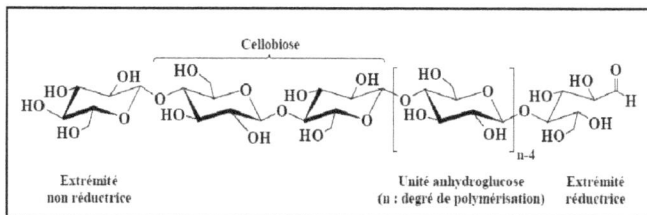

Figure 2. Représentation de la chaine de cellulose.

L'extrémité réductrice du polymère de la chaine cellulosique correspond à l'unité glucose dont l'hydroxyle en position anomérique est libre. Le groupement hydroxyle anomérique est engagé dans une liaison osidique c'est pourquoi l'autre extrémité est nommée non réductrice [5]. En effet, le pourcentage massique en cellulose dans la plupart des espèces végétales varie entre 15% et 99%.

Le tableau suivant (tableau2) expose le pourcentage massique en cellulose pour   certaines espèces végétales [6].

Tableau 2. Pourcentage moyen en cellulose de quelques espèces végétales.

Espèce végétale	Teneur en cellulose (%)
Coton	85-90
Lin	64,1-81
Bambou, bouleau (bois), blé (paille)	40-50
Maïs	17-20

La cellulose est un polymère de condensation des unités de glucose $C_6H_{10}O_5$. Chacune de ces unités de glucose de polysaccharides est liée à des carbones qui représentent les extrémités de cette unité cellobiose. L'hydrolyse complète des celluloses fournit ainsi de glucose mais, avec des conditions expérimentales très douces on peut obtenir des oligosaccharides comme cellobiose.

L'analyse de la cellulose par chromatographie en phase gazeuse, montre donc que celle-ci est constituée de plus de 95% de glucose sans négligé certains sucres tels que le galactose ou le xylose qui sont incorporés en des très petites quantités dans le polymère. Ceci est dû essentiellement aux liaisons hydrogène intramoléculaires entre l'oxygène hétérocyclique et l'hydrogène du groupement hydroxyle en position 3' (figure3). Il existe d'autres liaisons hydrogène pouvant introduire des molécules d'eau qui sont ainsi intimement liées à la cellulose [5].

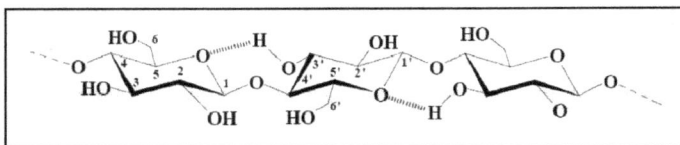

Figure 3. Les liaisons hydrogènes intramoléculaires.

L'une des caractéristiques physiques les plus importantes de la cellulose est l'insolubilité dans l'eau malgré la présence de nombreux groupements hydroxyles. Ceci est dû à une masse macromoléculaire très importante (3000 unités de glucose), à une résistance très importante résultant d'une disposition des chaînes macromoléculaires selon des plans réticulaires parallèles les uns aux autres et au nombre élevé des liaisons hydrogène rendant ainsi difficile la rupture de toutes ces interactions [5].

Toutes ces contraintes citées font de la cellulose une macromolécule fibrillaire et partiellement cristalline. Les microfibrilles de cellulose sont constituées essentiellement de zones cristallines parfaitement ordonnées et de zones amorphes qui sont totalement désordonnées (figure4).

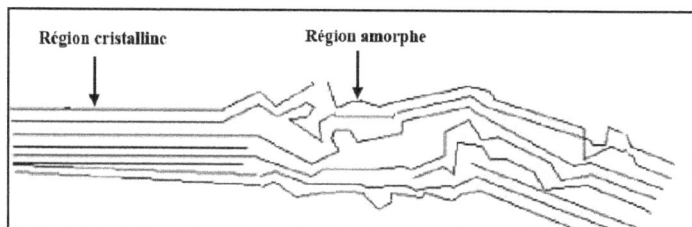

Figure 4. La structure des microfibrilles de la cellulose.

Le degré de polymérisation (DP) de la cellulose peut être déterminé par plusieurs méthodes notamment par la méthode de la viscosimétrie selon l'équation de Mark-Houwink-Sakurad [7]. Cette relation permet de relier la viscosité intrinsèque [η] à la masse moléculaire M par l'intermédiaire de deux constantes a et K et d'obtenir ainsi le DP du polymère selon la formule suivante :

$$[\eta] = KM^a \tag{1}$$

Avec, a et K ne dépendent que du milieu réactionnel. La masse moléculaire de la cellulose peut aussi être déterminée par la méthode de diffusion de la lumière ou par chromatographie d'exclusion stérique(SEC).Le tableau 3 montre quelques valeurs de degré de polymérisation pour des espèces végétales [6].

Tableau 3. Degré de polymérisation de la cellulose provenant de différentes espèces végétales.

Espèce végétale	DP
Algue Valonia	26 500
Coton (fibre industrielle), bouleau (bois)	10 000
Chanvre, Ramie, Lin	9 000
Epicéa (bois)	8 000

En général, dans les plantes les molécules de la cellulose s'assemblent les unes aux autres formant ainsi des fibres. Ces fibres forment les parties dures des tissus végétaux (figure5).

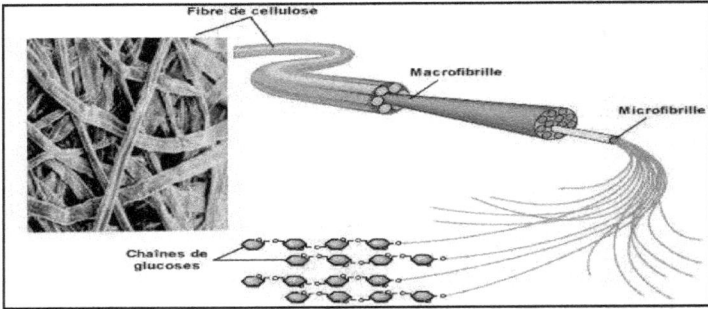

Figure 5. Organisation des molécules de la cellulose dans la cellule végétale.

La cellulose possède plusieurs états polymorphiques (figure6). La détermination de ces états via l'analyse des caractéristiques de spectres de diffraction des rayons X. En effet, on dénombre sept morphologies pour la cellulose ($I\alpha$, $I\beta$, II, III_I, III_{II}, IV_I, IV_{II}). Ils ont été démontrés par différentes études par RMN, infrarouge et diffraction X. Les différentes voies de conversions entres ces morphologies sont représentées sur la figure suivante [1].

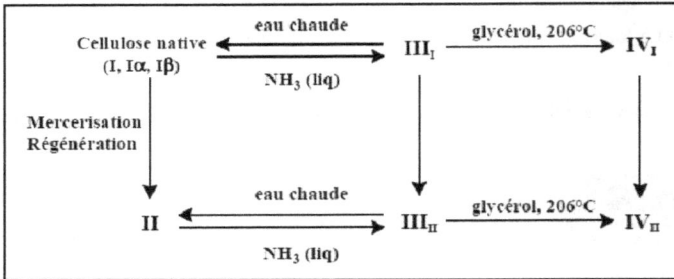

Figure 6. Interconversions entre les différentes formes de cellulose.

Les formes les plus importantes de la cellulose sont la cellulose I et la cellulose II. Les différents états cristallins de la cellulose varient surtout par les paramètres de la maille cristalline, l'arrangement des liaisons hydrogène intermoléculaires et la disposition parallèle ou antiparallèle des chaînes de cellulose [8].

❖ La cellulose I est la cellulose native correspondant à la cellulose existante à l'état naturelle et est constituée par des réseaux cristallins avec des chaines parallèles (figure7).

14

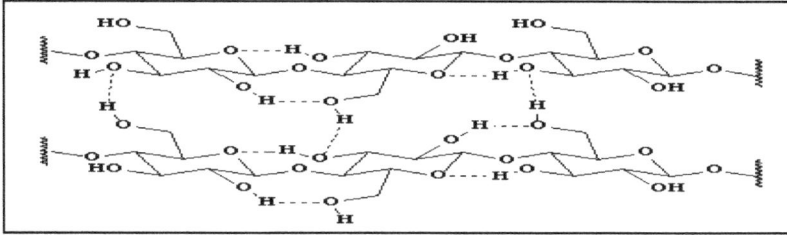

Figure 7. La représentation des chaines de la cellulose I.

❖ La cellulose II (figure8) est obtenue de manière irréversible à partir de la cellulose native via deux procédés distincts :

✓ Le mercerisage : c'est un procédé qui a lieu lors de l'immersion de la cellulose native dans une solution aqueuse concentrée de soude à 18% [6].

✓ La régénération : elle consiste en la destruction de la viscose (cellulose greffée par du sulfure de carbone).

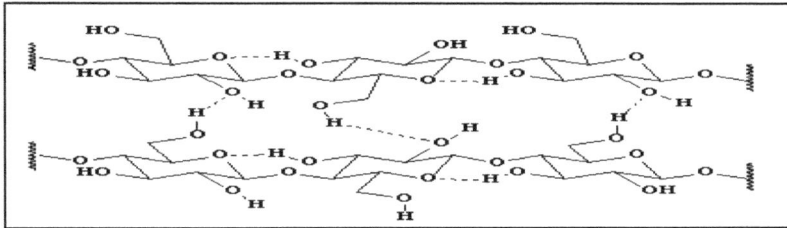

Figure 8. La représentation des chaines de la cellulose II [1].

Les nappes moléculaires constituées par les chaines cellulosiques sont assemblées par des interactions de type Van der Waals contribuant ainsi à une forte résistance et cohésion interne des fibres cellulosiques.

I.2.b. Les hémicelluloses

Les hémicelluloses sont des polysaccharides omniprésents dans tous les végétaux. Ils sont caractérisés par des masses moléculaires plus faibles que celle de la cellulose. Ils sont en général amorphes (figure9).

15

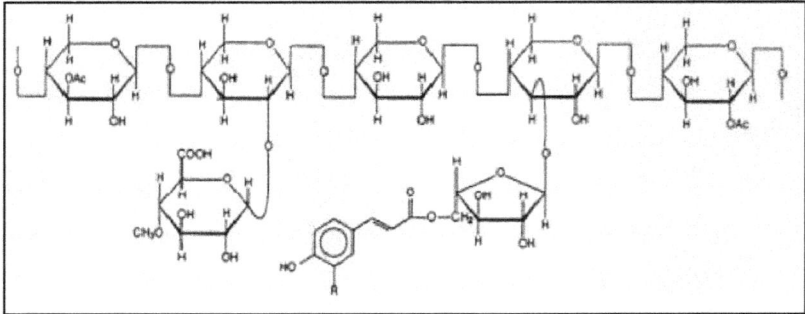

Figure 9. La structure chimique de l'hémicellulose [8].

Il existe une grande variété des hémicelluloses dont les chaînes sont composées par une variété des sucres(Oses) tels que les pentoses (xylose, arabinose) se trouvant essentiellement avec des quantités importantes dans les feuilles, les hexoses (glucose, mannose, galactose) particulièrement dans les résineux, et des acides uroniques qui se trouvent avec une très faible quantité. Ces chaînes se disposent d'une façon linéaire ou bien ramifiée [7].

De plus, les hexoses et les pentoses se caractérisent par leurs structures moins stables ce qui expliquera la grande fragilité chimique révélée par les hémicelluloses. Ils ont un degré de polymérisation de l'ordre de quelques centaines. Les hémicelluloses sont liées en même temps à la lignine et à la cellulose.

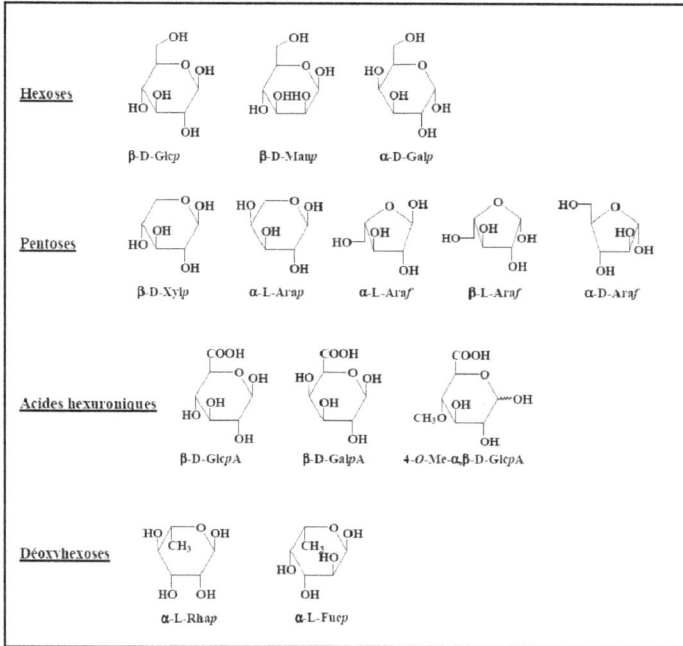

Figure 10. Les principaux glucides constituant l'hémicellulose [8].

I.2.c. Les pectines

Les substances pectiques sont présentes avec des proportions variées dans la plupart des végétaux et ils présentent un ciment intercellulaire. Elles contribuent à la cohésion interne des tissus végétaux. Sur le plan structural, les pectines sont des polysaccharides dont le squelette linéaire est principalement constitué d'un enchaînement d'unités d'acide α-D-galacturonique liées entre elles [5].

Les fonctions acides des unités galacturoniques peuvent être estérifiées ou non par du méthanol et cette estérification a un rôle important sur les propriétés physico-chimiques des pectines. Il y a d'autres glucides présents dans les pectines, comme le β-D-galactose, le β-D-glucose, le β-Larabinose, le β-D-xylose et le α-D-fructose. Elles sont en général obtenues à partir d'échantillons végétaux par extraction à l'eau chaude. Elles sont utilisées comme gélifiants dans l'industrie agroalimentaire. On admet que la pectine est un copolymère de deux oses complexes : l'acide galacturonique et l'arabogalactane [4].

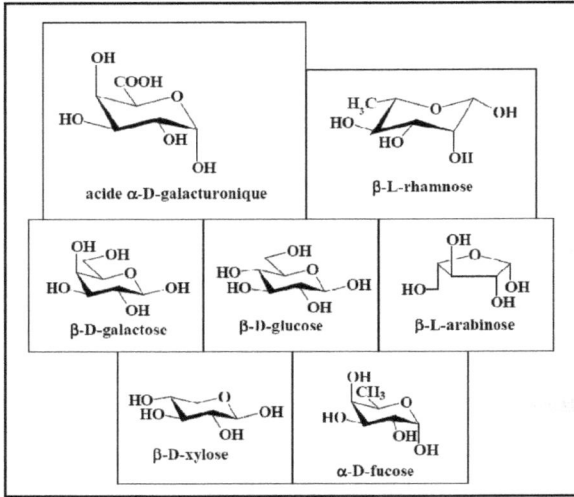

Figure 11. Les principales unités glucidiques formant les substances pectiques **[9]**.

I.2.d. Les lignines

Cette substance a été rapportée pour la première fois en 1819 par le chercheur Braconnot. C'est à partir de 1856 que le terme lignine fait son approche finalement en littérature scientifique dans une publication du chimiste Franz Ferdinand Schulze **[4]**.

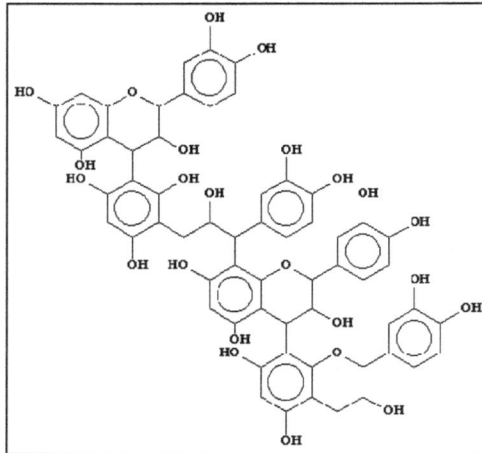

Figure 12. Les différentes unités glucidiques constituant les lignines **[10]**.

Le caractère aromatique de la lignine a été découvert en 1868 et en 1897 par le scientifique suédois P. Klasen qui décrira la lignine comme étant non cellulosique et affirmera que sa nature est aromatique. Après la Première Guerre mondiale, plusieurs travaux ont permis de certifier le phénol comme étant un constituant de la lignine.

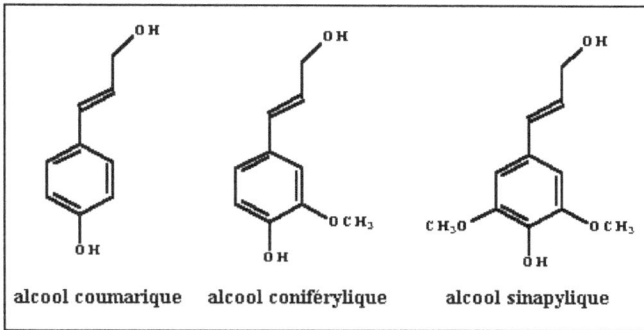

Figure 13. Unités phenylpropanes précurseurs des lignines.

En effet, la lignine est une macromolécule formée par la polymérisation oxydative de monomères de la série du phénylpropane. Ainsi, c'est un polymère aromatique amorphe de haut poids moléculaire responsable de certaines propriétés des parois. Il est aussi un polymère rigide tridimensionnel provenant par l'intermédiaire de la copolymérisation de trois monomères d'alcools phènylpropenoique : alcool coniférylique, sinapylique et coumarylique (figure13). Leurs structures tridimensionnelles sont très variées et sont fortement en fonction de l'espèce végétale, de sol et des conditions climatiques [3].

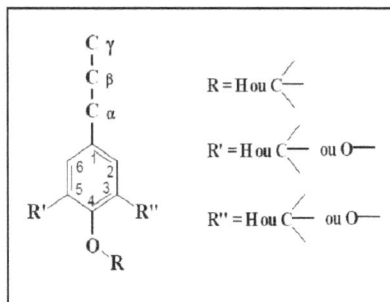

Figure 14. Représentation de l'unité C-9 caractéristique des lignines.

La structure des lignines est considérée comme étant très complexe à cause de la présence de nombreux types de liaisons entres les diverses unités C-9 (figure15). Au contraire, il y a d'autres polymères végétaux tels que la cellulose ou le caoutchouc naturel pour lesquels une formule structurale générale existe. La structure des lignines n'est pas définie d'une manière claire par la répétition d'unités caractéristiques car elles sont liées entre elles de façon désordonnée [7].

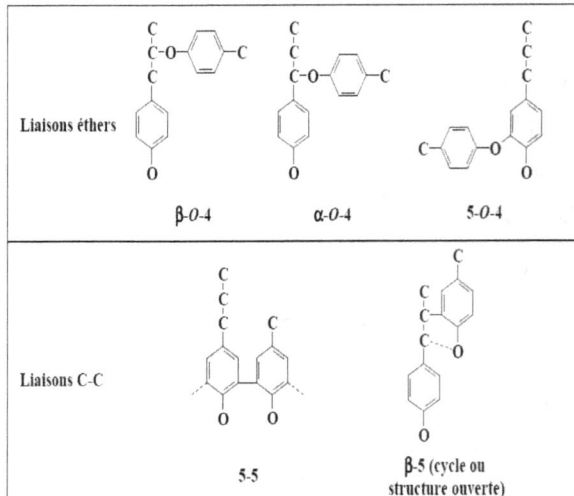

Figure 15. Types de liaisons le plus rencontrés dans les lignines [7].

Les quatre plus importantes méthodes pour la dégradation des lignines sont [1]:

❖ L'acidolyse : cette méthode permet la dégradation par hydrolyse acide des fonctions éthers par action de l'acide chlorhydrique ou borohydrique.

❖ La thioacidolyse : elle entraine une rupture des liaisons éthers par solvolyse avec le couple acide de Lewis/ethanethiol, souvent en présence de nickel de Raney pour désulfurer.

❖ L'oxydation par le permanganate : cette méthode favorise l'obtention d'un mélange d'acide carboxylique par oxydation des chaines latérales des unités phénylpropanes.

❖ L'ozonolyse : le principe de cette méthode est basé sur l'oxydation des noyaux aromatiques tout en conservant les chaines latérales intactes.

II. Les procédés d'extraction de la cellulose

II.1. Procédé Biologique

Plusieurs travaux ont été réalisés sur la décomposition des substances non cellulosiques par les champignons ou les bactéries. Ainsi certaines souches de champignons induisent des réactions de

20

décomposition de lignines, notamment par déméthylation via la coupure de liaison dans ou hors les cycles aromatiques. Le mycélium du champignon pénétrait ainsi en profondeur des composés lignocellulosiques. La dégradation s'effectue grâce à des enzymes ou des complexes enzymatiques mettant en jeu des peroxydases en présence de l'eau oxygénée. Les mécanismes sont encore non connus mais feraient intervenir des espèces telles que l'oxygène pur, des différents cations (Fe, Mn) et aussi des radicaux [10].

Les fibres peuvent être séparées suite à une action de rouissage à l'eau courante ou à l'eau de mer. Cette opération se base sur une attaque microbienne des substances liant les fibres pour finalement les séparer. Pour assurer la séparation des fibres d'alfa certaines études utilisent l'enzyme pectinases pour assurer cet effet. L'extraction par voie enzymatique est sélective et ménage par conséquent la fibre, mais elle se déroule d'une façon prolongée et ne permet pas une attaque efficace et totale des lignines mais juste une simple séparation de ce produit [8].

II.2. Procédé Mécanique

Le broyage, le teillage, le grattage, le défibrage, le raffinage, etc…. sont les principaux opérations sur lesquelles se base la séparation des fibres et la destruction de la totalité des résidus ligneux [1].

II.3. Procédé chimique

Les traitements chimiques choisis pour l'extraction de la lignine sont soit par l'hydrolyse acide soit par un traitement alcalin [1].

II.3.a. Procédé alcalin

Il est très efficace pour libérer la plupart des fibres. Toutefois, il faut mentionner que contrairement aux pectines qui sont totalement dissoutes par ce traitement, la lignine est trop difficile à éliminer. Il est évident qu'il y a des liaisons carbone-carbone et d'autres groupes chimiques tels que les groupes aromatiques qui sont les plus résistants à l'attaque chimique, alors cette dégradation est assez limitée. Elle est fonction des plusieurs conditions de traitement : la concentration alcaline, la température et la durée (figure16).

La pâte obtenue par un procédé alcalin présente une bonne résistance mécanique et un bon indice d'éclatement et de déchirure. Par contre, cette pâte sera plus difficile à blanchir par rapport à une pâte issue d'un procédé acide. Cette pâte sera utilisée surtout dans l'emballage, pour les papiers impression-écriture lorsqu'elle est blanchie [1].

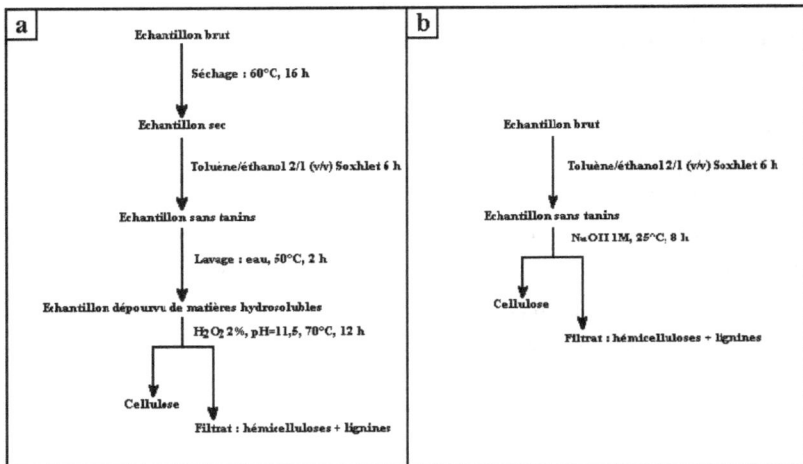

Figure 16. Extraction de la cellulose en milieu basique.

a : méthode des plusieurs lavages dont un est en utilisant H_2O_2 ;

b : méthode de la soude à 1M **[9]**.

II.3.b. Procédé acide

L'extraction par l'hydrolyse acide sert à former des entrecroisements entre les chaines moléculaires des pectines, par conséquent cette substance n'est pas totalement éliminée (figure17).

Le procédé acide confère au papier des caractéristiques mécaniques faibles surtout au niveau résistance à la déchirure, mais la pâte est blanchit plus facilement sans chlore. Cependant, à cause des dangers environnementaux, elles ne sont presque plus utilisées, sauf pour les ouates de cellulose car elle apporte la souplesse, la douceur et possèdent une bonne qualité d'absorption **[1]**.

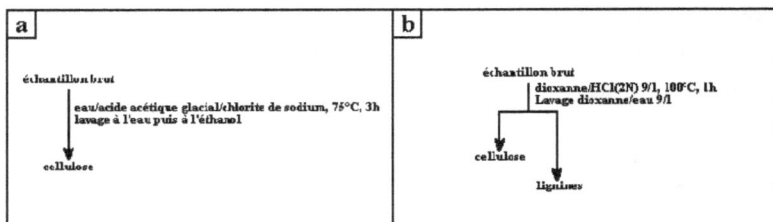

Figure 17. Extraction de la cellulose en milieu acide.

a : méthode d'Adams ;

II.3.c. Procédé Kraft

Ce procédé effectué avec une solution de soude et de sulfure de sodium à une température comprise entre 170 et 175 °C pendant deux à cinq heures. Le sulfure de sodium obtenu par combustion de sodium est hydrolysé comme suit :

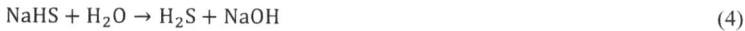

$$Na_2SO_4 + 2C \rightarrow Na_2S + 2CO_2 \tag{2}$$

$$Na_2S + H_2O \rightarrow NaHS + NaOH \tag{3}$$

$$NaHS + H_2O \rightarrow H_2S + NaOH \tag{4}$$

En faite, le sulfure de sodium est un réducteur utilisé dans le but de protéger la cellulose de l'oxydation. De plus, le sulfure ou son produit d'hydrolyse NaHS en réagissant avec la lignine, il donne des thiolignines. Son action délignifiant s'ajoute à celle de la soude d'où une réduction de temps d'extraction [1].

II.4. Procédé combiné : biologique-mécanique-chimique:

Généralement pour extraire les fibres, on suit un certains nombre de procédés dont nous citons quelques exemples :

II.4.a. Pâte semi chimique

Souvent, pour la fabrication de cartons pour papiers à cannelure, on doit choisir un traitement chimique doux, suivi d'une désintégration mécanique des rondins ou des copeaux ceci permet d'obtenir une pâte semi-chimique [10].

II.4.b. Pâte thermo-mècanique

Elle est utilisée pour la fabrication du papier journal. Avant le défibrage, les copeaux de bois sont étuvés à plus de 100°C pour faciliter la séparation des fibres tout en les allongeant et en augmentant leur résistance [10].

II.4.c. Pâte chimico-thermo-mècanique (CTMP Chemi Thermomechanical Pulping)

Cette pâte s'obtient par un défibrage sous pression suivi d'une imprégnation chimique en présence de soude et de bisulfite de soude à une température toujours supérieure à 100°C.

Quand la cellulose est extraite par l'un ou l'autre de ces procédés, on la purifie par un traitement de blanchiment. Comme produits additifs on utilise un agent de mouillage favorisant la pénétration du bain de blanchiment dans la matière afin d'obtenir un traitement plus régulier. Un agent séquestrant dont le rôle d'éviter la décomposition catalytique du peroxyde d'hydrogène, en captant les ions présents. L'eau utilisée doit être exempte de toutes impuretés métalliques et organiques [1].

III. Blanchiment

III.1. Blanchiment par le chlore et ses dérivés

C'est un procédé très efficace, donnant les meilleurs résultats mais il est nocif pour l'environnement. Les eaux résiduelles rejetées contiennent des composés organochlorés qui sont responsables de la toxicité des effluents [10].

III.2. Blanchiment par le peroxyde d'hydrogène

C'est un procédé moins efficace puisqu'il dépigmente la lignine mais il ne l'élimine pas. Néanmoins, le blanchiment des fibres textiles à l'aide du peroxyde d'hydrogène est certainement le procédé le plus utilisé aujourd'hui car il n'est pas toxique [8].

III.3. Blanchiment par l'oxygène

Ce procédé est très efficace mais son utilisation en excès attaque les fibres cellulosiques. En effet, l'oxygène est actif dans le premier stade du procédé car il y a beaucoup de lignine mais dès que la concentration de cette substance diminue, la grande réactivité de l'oxygène entraine une dégradation de cellulose. C'est pourquoi il est souvent utilisé comme agent de prèblanchiment pour réduire la quantité des produits chlorés [10].

IV. Des exemples des fibres extraites

Les matières lignocellulosiques sont constituées de différents composants autres que la cellulose comme l'hémicellulose, les pectines, la lignine. En général, on doit procéder à l'extraction de la matière cellulosique en éliminant les composants non cellulosiques. Cette extraction est communément appelée « enrichissement en cellulose » ou la séparation de cellulose car on n'obtient pas de la cellulose parfaitement pure mais une matière enrichie en matière cellulosique.

IV.1. Extraction des fibres de Luffa

Ces fibres sont traitées avec une solution de 0.2 % de sulfate de sodium à une température égale à 60 °C pendant 30 min. Ensuite, après un rinçage et une mise en contact avec un milieu conditionné, les fibres de luffa sont traitées avec une solution de soude (NaOH) à 5 % et à 10 % pendant deux à trois heures à une température de 90 °C [6].

IV.2. Extraction des fibres de constables

Pour extraire des fibres de constables, on procède au traitement suivant [1] :

❖ Addition d'une solution de NaOH à 2% durant 45 min à 95°C ;

❖ Neutralisation avec une solution d'acide acétique à 10% ;

❖ Traitement de la fibre avec une solution d'acide nitrique à 10% et d'acide chromique à 10% à 60°C pendant 5 min ;

❖ Centrifugation et lavage jusqu'au pH=7.

IV.3. Extraction des fibres d'Agave

Les fibres d'agave peuvent être extraites par différentes procédés basé soit sur l'action combinée de battage et de grattage(mécaniquement) soit sur une dissolution des constituants de la feuille, autres que les fibres, par une action chimique ou microbienne [11].

IV.4. L'extraction des fibres d'Alfa

L'extraction de ces fibres nécessite de suivre les étapes suivantes [8] :

❖ Un rouissage en imprégnant la matière dans un bain d'eau pendant une semaine.

❖ Une action mécanique au cours de laquelle les feuilles est écrasée dans le but de fragmenter la cuticule, puis séchées. La séparation des bandes des fibres est obtenue à l'aide d'une opération de grattage ou de peignage.

❖ Une action chimique avec une solution de soude (NaOH 3N), pendant deux heures à une température de 100°C (sous reflux) pour aboutir à l'extraction de ces fibres. L'opération est suivie d'un traitement à l'hypochlorite de sodium (eau de javel dilué à 40%) pendant une heure à froid.

❖ Le procédé combiné : Les recherches ont commencé par des essais préliminaires en utilisant des concentrations de 5 et10 g/L d'hydroxyde de sodium pour des concentrations de 5 et 10 ml/L de peroxyde d'hydrogène à 35 %. Les essais ont été effectués à une haute température de 120 °C pendant 90 minutes.

V. Les principaux types de modifications de la cellulose

La molécule de cellulose est complètement linéaire et forme des liaisons hydrogènes intra et intermoléculaires. Elle est formée des microfibrilles dans lesquelles certaines régions sont appelées des zones cristallines et des autres sont des zones amorphes. La conséquence immédiate de ces deux dernières caractéristiques structurales est que la cellulose est insoluble à la fois dans les solvants organiques classiques et dans l'eau. Pour la solubiliser il est nécessaire d'utiliser des mélanges de type métal / solvants (hydroxyde de cupriéthylènediamine (CED), hydroxyde de cadmium éthylène diamine (Cadoxen) ou de cuprammonium) [5].

La modification chimique de la cellulose sert à obtenir plusieurs dérivés cellulosiques hydrosolubles ou solubles. Parmi les techniques de modification, on cite l'estérification et l'éthérification des groupements hydroxyles applicables aux alcools primaires (C-6) et secondaires(C-2, C-3) de la cellulose. Ce sont les techniques les plus fréquemment rencontrées pour la modification chimique. Elles consistent en la modification du squelette lui –même (oxydation de liaison C-2, C-3, oxydation de la fonction alcool primaire) ou la modification des groupements hydroxyles [7].

Les groupements hydroxyles de la cellulose jouent un rôle très important pour l'obtention des dérivés cellulosiques. En effet, ces groupements peuvent réagir avec différents réactifs chmiques.il existe deux familles de dérivés cellulosiques : les esters et éthers de cellulose.

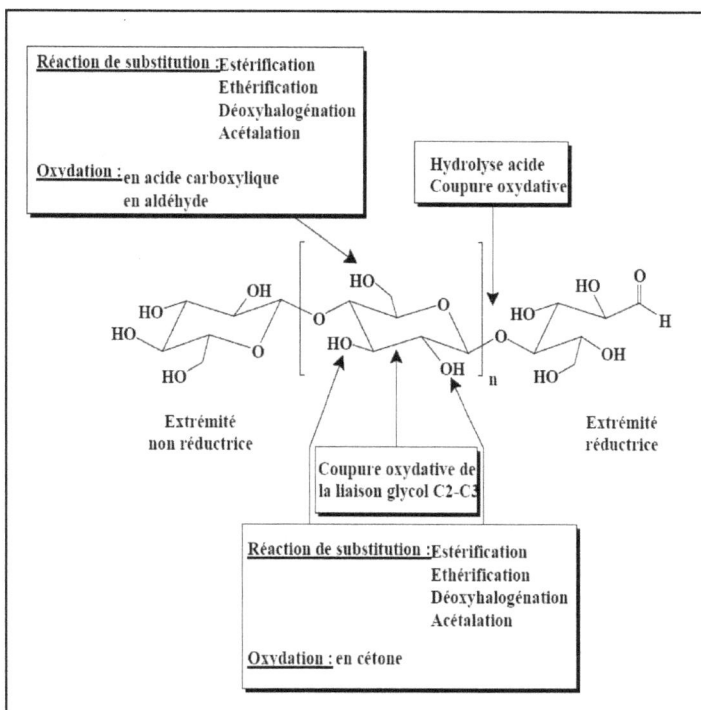

Figure 18. Modifications chimiques les plus rencontrées en relation avec la structure du polymère [5].

Ces différentes réactions peuvent être regroupées en deux classes suivant les modifications apportées au polymère :

❖ modifications du squelette lui-même (oxydation de la liaison glycol, oxydation de la fonction alcool primaire),

❖ modifications des groupements hydroxyles.

Cependant, dans presque tous les cas de transformations, la cellulose doit subir un traitement préalable en raison du nombre important de liaisons hydrogène.

V.1. Les réactions d'estérification

L'estérification de la matière végétale est effectuée avec des substituant à petites et à longues chaines carbonées.

❖   **Les acides carboxyliques** : Les agents d'estérification sont soit des chlorures d'acides gras associés au mélange N_2O_4-diméthylformamide-pyridine ou bien des acides gras en présence d'anhydride trifluoroacide acétique (TFAA) dans le benzène [1].

❖   **Les anhydrides d'acides** : l'estérification du bois a été réalisée de deux manières différentes en utilisant soit des anhydrides d'acide monocarboxyliques (propionique à caproique) dans le mélange N_2O_4-DMF-pyridine ou bien des anhydrides d'acides carboxyliques (phtalique, maléique, succinique, heptadécenyl succinique) en présence d'un catalyseur [1].

❖   **Les isocyanates** : la réaction utilisant les isocyanates est représentée dans l'équation suivante [9] :

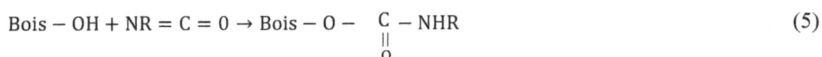

$$Bois - OH + NR = C = O \rightarrow Bois - O - \underset{\underset{O}{\|}}{C} - NHR \tag{5}$$

❖   **Le cétène** : Pour cette méthode d'acétylation le gaz cétène est dissout dans l'acétone ou le toluène. La réaction s'effectue à 55-60 °C pendant 6 à 8 heures. Dans ce cas, on constate pour l'échantillon acétylé une absorption d'eau réduite par rapport à celle du bois non traité [9].

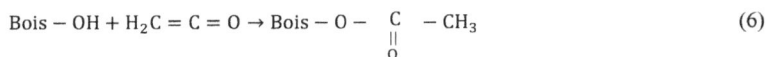

$$Bois - OH + H_2C = C = O \rightarrow Bois - O - \underset{\underset{O}{\|}}{C} - CH_3 \tag{6}$$

V.2. Les réactions d'éthérification :

Les réactions qui conduisent à des propriétés thermoplastiques pour la cellulose sont :

❖   **La cyanoèthylation** : en présence d'acrylonitrile [1]:

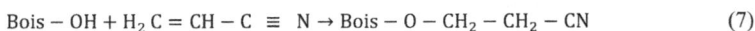

$$Bois - OH + H_2C = CH - C \equiv N \rightarrow Bois - O - CH_2 - CH_2 - CN \tag{7}$$

❖   **L'alkylation** par le bromure d'alkyle après un prétraitement alcalin de la cellulose dans une solution de soude [5].

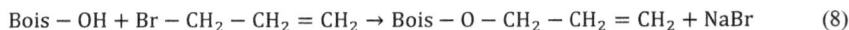

$$Bois - OH + Br - CH_2 - CH_2 = CH_2 \rightarrow Bois - O - CH_2 - CH_2 = CH_2 + NaBr \tag{8}$$

V.3. Le greffage

V.3.a. Greffage d'acide acrylique

Lors du traitement de la fibre avec l'acide acrylique, on utilise le persulfate de sodium comme amorceur et on vise à optimiser l'effet de la durée. A cet effet, on choisit pour les concentrations en monomère et en initiateur respectivement de 0.3 M et 0.01 M. La température a été maintenue à 80 °C pour tous les traitements car l'acide acrylique réagit avec les groupements hydroxyle de la cellulose à une température supérieure à 70 °C. Le résultat de l'hompolymèrisation est éliminé avec une solution de 1g/L de soude et de 6 g/L de sel [8].

V.3.b. Greffage d'acide itaconique, d'acrylamide et de mélange des deux

A cet effet, 2 g de matière sont traités pendant 2 heures avec 0.4 M d'amorceur, 2 M de monomère et à une température de 80 °C pour un premier traitement à l'acrylamide. Le second traitement avec l'acide itaconique est effectué dans les mêmes conditions sauf on réduit la durée à une heure. Le mélange est effectué aussi dans les mêmes conditions que le traitement d'acrylamide [8].

VI. Techniques de caractérisation utilisées

Il existe plusieurs méthodes permettant de caractériser des fibres modifiées .Cette variétés de techniques de caractérisation vise à montrer l'efficacité de la modification produite.

VI.1. Test de détection d'oxycellulose

Ce test est réalisé par un traitement sous agitation, pendant 5 min, de 1 g des fibres dans un réactif préparé par addition, sous agitation, de 20 mL d'une solution contenant 0,08 g de nitrate d'argent à 20 mL d'une solution contenant 0,4 g de thiosulfate de sodium et 0,4 g de soude. La présence d'oxycellulose se manifeste par une coloration brun foncée voire noire.

VI.2. Détermination du taux de lignine

La méthode de détermination du taux de lignine consiste à traiter d'abord les fibres dans l'eau distillée, en soxhlet, pendant six heures puis dans un mélange de benzène/éthanol (1/2) dans les mêmes conditions. Ensuite, la matière est séchée à l'air libre et on détermine le taux d'humidité sur un échantillon de 2 g après un passage à l'étuve à une température de 105 ° C jusqu'à masse constante (Norme ASTM D 1105-65).

Par la suite seulement 2g de la matière sont placés dans 25 mL d'une solution d'acide sulfurique à 72 % pendant 75 minutes à une température de 35 ° C. Ensuite, la solution est ramenée à une concentration de 3 % par apport de 600 ml d'eau distillée et sous agitation durant 3 heures. Enfin, le résidu est filtré, lavé et séché en étuve à une haute température de 105 °C et enfin pesé. En calculant les différences de masses entre les échantillons initial et final, on détermine le taux de lignine (Norme ASTM D 1106-56).

VI.3. Analyse par calorimétrie

La calorimétrie différentielle (DSC) est basée sur le maintien du porte-échantillon de référence et de l'échantillon à la même température durant l'analyse en ajoutant ou en retirant de la chaleur à l'échantillon. Les données fournies par la DSC représentent la différence de puissance électrique dissipée (chaleur) dans les porte-échantillons et leur contenu pour maintenir l'ensemble à la même température [10].

VI.4. Analyse par microscope électronique à balayage

Cette technique du microscope électronique à balayage (MEB), en intervenant des électrons afin d'explorer la surface de l'échantillon, permet d'évaluer les modifications produites et même les caractéristiques intrinsèques de la fibre modifiée. Avec la pénétration du faisceau lumineux d'électron dans la surface l'échantillon de la fibre, il diffuse peu, où se produit des interactions détectées par un capteur qui contrôle la brillance d'un oscilloscope cathodique dont le balayage est synchronisé avec celui du faisceau d'électrons. Ainsi les électrons et les rayonnements électromagnétiques produits sont utilisés pour former des images ou pour effectuer des analyses physico-chimiques [8].

VI.5. Analyse par microscopie à force atomique

Aux conditions ambiantes ou sous atmosphère contrôlée, la microscopie à force atomique en mode vibrant permet d'imager et de mesurer les forces à long rayon d'action (électriques, magnétiques) et leurs gradients à distance constante de la surface.

VI.6. Analyse par thermogravimétrie et calorimétrie

Les analyses thermogravimétriques (ATG) permettent l'enregistrement en continu de la perte de masse d'un échantillon en fonction des deux paramètres la température et le temps.

L'analyse thermique différentielle (ATD) est une technique comparant la température d'un échantillon à celle d'un matériau thermiquement inerte. La différence de température est enregistrée en fonction de la température du four programmé suivant une rampe de montée en température constante. Les changements de température observés pour l'échantillon sont dus essentiellement aux transitions ou aux réactions enthalpiques (endothermique ou exothermique) comme celles causées par les réactions de vaporisation, de condensation ou de décomposition. En ATD, les résultats dépendent de la taille et de la forme de l'échantillon ainsi que de celles du matériau de référence.

Ces analyses permettent une mesure en continu de la perte de masse et de la différence de température entre un matériau de référence et un échantillon chauffé suivant une rampe de température linéaire [10].

VI.7. Analyse par spectroscopie infrarouge

La Spectroscopie Infrarouge à Transformée de Fourier (FTIR) est basée sur l'absorption d'un rayonnement infrarouge par le matériau à étudié. Elle permet par la détection des vibrations caractéristiques des liaisons chimiques d'analyser des fonctions chimiques présentes dans le matériau. Lorsque la longueur d'onde apportée par le faisceau lumineux est voisine de l'énergie de vibration de la molécule, cette dernière va absorber le rayonnement et on enregistrera une diminution de l'intensité réfléchie ou transmise. Ce domaine infrarouge entre 4000 cm^{-1} et 400 cm^{-1} (2.5–25 μm) correspond au domaine d'énergie de vibration des molécules. Toutes les vibrations ne donnent pas lieu à une absorption car cela va dépendre aussi de la géométrie de la molécule et en particulier de sa symétrie. En faite, grâce à l'absorption de l'énergie dans les différentes régions d'un spectre électromagnétique produit différentes excitations des molécules formant la matière. La méthode se base sur l'identification des différentes liaisons chimiques spécifiques du constituant (O-H, N-H, C-H, etc.).Les liaisons chimiques se comportent dans ce cas comme des oscillateurs qui vibrent en permanence à des fréquences différentes en fonction de leur nature chimique.

En effet, chaque type de liaisons possède sa propre fréquence de vibration. Le spectre IR est trop efficace pour l'identification des groupements fonctionnels dont certains d'entre eux ont une fréquence extrêmement caractéristique permettant de les connaitre immédiatement. Ainsi, pour la radiation infrarouge correspond les énergies associées aux toutes les vibrations moléculaires. Les spectromètres évaluent les régions d'élongations (stretching) et de déformation (bending) moléculaires [10].

Généralement, la région où le nombre d'onde situé entre 1200-4000cm^{-1}, est connues sous le nom de la région des groupes fonctionnels. En effet, la majorité des groupes fonctionnels organiques y ont des longueurs d'ondes caractéristiques et des absorptions relativement invariables. La zone inférieure à 1300 cm^{-1} est en général appelé la région de l'empreinte digitale c'est la région de vibrations simple

Le tableau ci-dessous (tableau4) expose les différents nombre d'onde caractéristiques pour un celluloseI.

Tableau 4. Assignation des bandes d'absorption infrarouge de la cellulose I.

Nombre d'onde (cm⁻¹)	Attribution cellulose I
3200-3700	Elongation des groupes hydroxyles
2900-2970	Elongation de CH
2853-2870	Elongation de CH_2
1635-1623	H_2O absorbée
455-1336-1205	OH (déformation dans le plan)
1420-1430	CH_2 déformation symétrique
1374-1282	CH (déformation)
895	δ_{asy} CH du cycle pyranosique
1317	CH_2(oscillation)
1114	υ c _o (des C-O-H), élongation des cycles
1060	UCO (du cycle glucopyranose)
1162	Pont C-O-C (élongation antisymétrique)
1125, 1015, 1035,1058	Elongation du cycle pyranosique

VI.8. Le spectrophotomètre

Le principe d'un spectrophotomètre est donné par la figure suivante (figure19) :

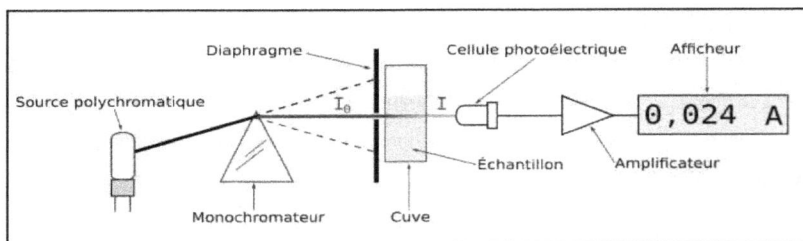

Figure 19. Schéma de principe d'un spectrophotomètre.

L'absorbance est définie par le rapport entre l'intensité lumineuse I_0, à une longueur d'onde λ, avant traversée du milieu, et l'intensité lumineuse transmise I exprimée en logarithme de base dix.

L'absorbance d'une solution est proportionnelle à la concentration des substances en solution, à condition de se placer à la longueur d'onde à laquelle la substance absorbe les rayons lumineux.

$$A_\lambda = -log_{10}\frac{I}{I_0} = \varepsilon_\lambda . \ell . C \tag{9}$$

Avec : $\dfrac{I}{I_0}$ est la transmittance de la solution étudiée

Ceci permet d'établir expérimentalement la courbe $A = f(C)$ reliant l'absorbance à la concentration de la substance, en effectuant les mesures de l'absorbance A pour des diverses concentrations. Cette courbe est appelée une courbe d'étalonnage de l'espèce chimique. La courbe expérimentale d'étalonnage permet ensuite de déterminer la concentration inconnue d'une solution de cette substance par une simple mesure de son absorbance et une projection sur la courbe $A = f(C)$

VI.9. Conclusion

L'étude de la structure chimique d'un matériau lignocellulosique ainsi que les moyens d'extraction, de modification de la cellulose et les techniques de caractérisation de la cellulose extraite permet de découvrir des voies de valorisation et d'exploitation des matériaux lignocellulosiques extraite de la feuille de palmier dattier.

Dans le deuxième chapitre, on va optimiser le procédé d'extraction combiné (NaOH et H_2O_2) et aussi on va déterminer les conditions optimales de la modification chimique de la cellulose extraite. Ainsi, on va analyser les groupements chimiques fonctionnels à l'aide de la spectroscopie infra-rouge et le comportement thermique par une analyse à l'aide de la DSC. Finalement, on va étudier l'amélioration du pouvoir absorbant des fibres modifiées en mesurant l'épuisement du bain de teinture en fonction de la durée et la concentration en colorant.

Chapitre 2
Extraction, modification, caractérisation et valorisation des fibres cellulosiques de palmier dattier

I. Matières et matériel utilisés

I.1. Introduction

Après une étude bibliographique sur le palmier dattier ainsi que les modes d'extraction des fibres ultimes de palmier (voir le chapitre précédent), nous présentons dans ce chapitre les techniques expérimentales, les méthodes et les produits choisis afin de réaliser l'extraction, la modification chimique des fibres extraites ainsi que la caractérisation des fibres obtenues.

Pour aboutir à un meilleur choix de procédé d'extraction et de modification de cellulose par l'acide itaconique, on doit prendre en considération plusieurs conditions à savoir :

➢ La nature de la matière première utilisée ;

➢ La disponibilité des matériels et des produits choisis au sein de laboratoire ;

➢ Le cout des procédés d'extraction et de la modification chimiques des fibres extraites ;

➢ Les produits choisis doivent être biologiques afin que les rejets de ces traitements ne soient pas dangereux et toxiques pour l'environnement.

I.2. Produits et matériel utilisés

I.2.a. Les matières premières

Pour l'extraction de la cellulose, on a utilisé des feuilles du palmier dattier. Ces feuilles ont été coupées en tronçons de petites tailles avant d'effectuer l'extraction chimique.

I.2.b. *Les réactifs*

❖ Pour assurer l'extraction de la cellulose nous avons utilisé:

✓ L'eau distillée ;

✓ L'hydroxyde de sodium ;

✓ Le peroxyde d'hydrogène ;

✓ Un stabilisateur (Contavan GAL) ;

✓ Un agent mouillant (Lavotan TBU).

❖ Pour assurer la modification chimique nous avons utilisé :

✓ L'eau distillée ;

✓ Le peroxyde de sodium ;

✓ L'acide itaconique.

❖ Pour la détermination de taux de lignine on a utilisé:

✓ Un mélange benzène/éthanol (1/2) ;

✓ Une solution Acide sulfurique à 72 % ;

✓ L'eau distillée.

I.2.c. Matériel utilisé

❖ **MATHIS de type Labomat AG, CH-8156**

MATHIS est une machine automatisée qui contient 15 biberons fixés sur un tambour rotatif en double sens, chauffée par 4 émettrices infrarouges directionnelles de hautes performances. La température réelle du liquide est mesurée directement par une sonde PT100 de haute précision. Les températures réelles à atteindre sont affichées continuellement sans dépasser 140°C. Les unités MATHIS agitent le contenu des biberons afin d'assurer une réaction complète suivant une vitesse de rotation ne dépassant pas 50 tr/min.

❖ **Spectromètre IR de type Schimatzu 8400 FTIR**

La Spectroscopie Infrarouge à Transformée de Fourier (FTIR) est basée sur l'absorption d'un rayonnement infrarouge par le matériau analysé. Elle permet via la détection des vibrations caractéristiques des liaisons chimiques, d'effectuer l'analyse des fonctions chimiques présentes dans le matériau (figure 20).

Figure 20. Spectromètre IR Schimatzu 8400 FTIR

❖　**Spectrophotomètre de type Biochrom Libra 6**

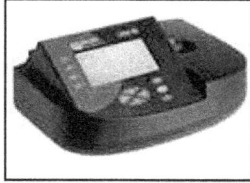

Figure 21. Un spectrophotomètre Biochrom Libra 6.

Cet appareil sert à mesurer l'absorbance d'une solution à une longueur d'onde donnée. La lumière monochromatique incidente d'intensité I_0 traverse une cuve contenant la solution à analysée et l'appareil mesure l'intensité I de la lumière transmise. La valeur affichée par le spectrophotomètre est l'absorbance à la longueur d'onde donnée (figure 21).

❖　**Le dispositif de greffage**

Ce dispositif permet de réaliser le greffage de l'acide itaconique sur la cellulose extraite. Il est composé d'un ballon tricol de 100 mL, réfrigérant (figure 22).

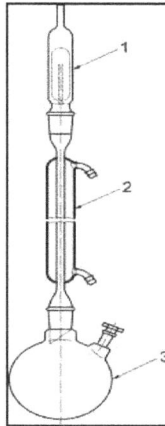

Figure 22. Le dispositif de greffage.

II. Extraction de la cellulose

II.1. Introduction

Dans cette partie, on va essayer d'optimiser le procédé combiné (soude et eau oxygénée) d'extraction de la cellulose à partir des feuilles du palmier dattier. Le choix de la combinaison de soude et de peroxyde d'hydrogène est justifié par la littérature traitant du blanchiment des fibres cellulosiques. En effet, le peroxyde d'hydrogène est connu par son action destructive des substances colorantes dans des conditions précises, contrairement à l'hypochlorite de sodium qui sépare juste les groupements auxochromes et chromophores. Dans ce dernier procédé, les substances colorées peuvent se reformer au contact de l'humidité à une température donnée. Ainsi, on a fixé la température et la durée de la réaction tout en variant la quantité de la soude et de l'eau oxygénée. Le choix de la température a été basé sur la littérature [8]. En effet, à cette température on assure le ramollissement de la lignine et son élimination. La durée de traitement a été fixée selon le travail appliqué par Ben Marzoug en cas d'extraction des fibres d'alfa [8].

Notre objectif est d'obtenir les meilleures conditions expérimentales qui permettent de trouver le rendement le plus élevé des fibres cellulosiques extraites avec le meilleur degré de blanc, un faible taux de lignine et la moindre dégradation. Nous n'oublions pas l'obligation d'utiliser un procédé industriel, économique et écologique.

II.2. Mode opératoire

Au cours de la réalisation de ces essais, on a eu recours à plusieurs méthodes expérimentales pour la préparation de la matière première et pour l'extraction de la cellulose.

❖ **Le séchage**

Avant le déclenchement des essais de l'extraction et de la modification des fibres extraites, il est nécessaire de bien conditionner les feuilles et les troncs du palmier pour éliminer toute l'humidité qu'elles contiennent. Ainsi, la matière a été séchée pendant 24 heures dans l'étuve à une température de 70 °C jusqu'à atteindre une masse finale constante. En effet, la masse est supposée constante lorsque deux pesées successives faites à 15 minutes d'intervalle restent presque constantes ou à une différence inférieure à 0.05 %.

❖ **L'extraction**

L'extraction est effectuée en deux étapes. La première étape consiste à mettre 100 g de matière sèche dans une solution de soude de concentration 80 g/l durant une heure et à l'ébullition afin de ramollir la matière et éliminer une bonne quantité de lignine [12].

Pendant la seconde étape, 10 g de matière sont immergés dans une solution contenant l'agent mouillant de concentration 3 mL/L et le stabilisateur de concentration 25 mL/L en ajoutant une quantité de H_2O_2 et une quantité de NaOH afin de fixer le pH à 10. La courbe thermique suivie lors de cette étape est représenté si dessous.

Ensuite, la matière est filtrée, neutralisée avec une solution de 5 % d'acide acétique et rincée à l'eau distillée.

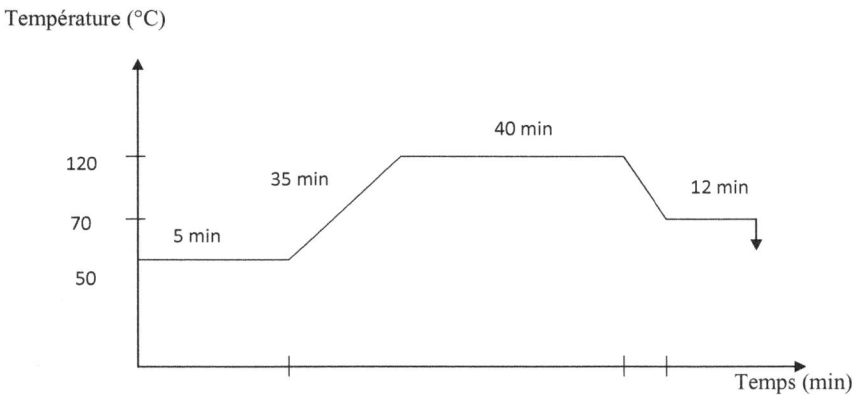

II.3. Les facteurs à optimiser

Pour l'extraction des fibres de palmier, on cherche à optimiser la quantité de peroxyde d'hydrogène et d'hydroxyde de sodium afin d'améliorer le rendement de l'extraction et la qualité des fibres extraites. Le tableau 5 montre les niveaux étudiés lors de cette optimisation.

Tableau 5. Niveaux des facteurs influençant le procédé d'extraction de la cellulose.

Facteur	Symbole	Unité	Niveaux
Eau oxygénée	E	mL	5-7-9-11-13
soude	S	g	7-15

II.4. Régulation du pH

Pour cela, on a prépare 200 mL de solution contenant 25 mL/L de stabilisateur et 3mL/L d'agent mouillant. Ensuite, on a fait varier la quantité de l'hydroxyde de sodium tout en mesurant à chaque fois la valeur du pH. Le tableau 6 montre les résultats obtenus.

Tableau 6. Variation du pH en fonction de la quantité de la soude.

NaOH(g)	0	1	2	4	7	15
pH	2	7.7	8.6	9	9.4	9.4

On remarque que plus la quantité de l'hydroxyde de sodium augmente plus la valeur de pH augmente jusqu'à un certain seuil à partir duquel la valeur du pH demeure constante. Nous avons choisi de ne pas dépasser la concentration de 75 g/L car avec une concentration plus élevée la valeur du pH varie d'une façon très faible et le coût de la recette devient plus élevé sans avoir un effet net.

II.5. Mesure du rendement

On cherche ici à évaluer le rendement des fibres extraites en variant la quantité de la soude et de l'eau oxygéné. On part de 10 g des feuilles ou troncs du palmier dattier et on calcule le rendement selon l'équation suivante :

$$R(\%) = \frac{(M_f - M_i)}{M_i} * 100 \qquad (10)$$

Avec :

- M_f : la masse finale des fibres extraites
- M_i : 10g la masse initiale des feuilles

II.6. Fixation de la quantité de la soude

Après avoir régler le pH, on observe que cette valeur demeure constante à partir de 7g de soude pour 200 mL de solution. En se basant sur les résultats trouvés par Ben Marzoug [8], on fixe la température et la durée à 120 °C et 90 min respectivement. On a fait par la suite deux essais d'extraction en variant la quantité de NaOH tout en gardant une faible quantité de H_2O_2 constante afin de fixer la quantité de soude optimale permettant à la fois de régler le pH et donner le meilleur rendement. Le tableau 7 montre les rendements obtenus.

Tableau 7. Les rendements obtenus en variant la quantité de NaOH.

Essais	T (°C)	D (min)	NaOH(g)	H$_2$O$_2$ (ml)	R(%)
1	120	90	7	3	78
2	120	90	15	3	73

II.7. Effet de la variation de la quantité de l'eau oxygénée

En fixant la quantité de la soude à utiliser à 7 g pour 200 mL de solution (d'après II.5), on fait varier la quantité de l'eau oxygénée tout en fixant la température à T=120 °C et la durée à 90 min selon les résultats de Ben Marzoug. On mesure le taux de lignine, le rendement et le degré de blanc.

La blancheur est parfaitement définie par la courbe spectrale de réflectance d'un échantillon comparée à celle obtenue avec l'oxyde de magnésium qui fournit le blanc de référence pour différentes longueurs d'ondes du domaine visible le degré de blanc est estimé selon la formule de Harrison suivante : W= 100 − R$_{670}$ + R$_{430}$. Notant que R$_{670}$ et R$_{430}$ sont les réflectances pour les longueurs d'onde signalées. Les résultats obtenus sont dans le tableau 8.

Tableau 8. Les rendements, le degré de blanc et le taux de lignine obtenus après extraction.

Essai	T (°C)	D (min)	NaOH (g)	H2O2 (ml)	Degré de blanc(%)	R(%)	Taux de lignine(%)
1	120	90	7	5	54	71	11
2	120	90	7	7	57	63	7
3	120	90	7	9	57	63	7
4	120	90	7	11	87	57	4
5	120	90	7	13	87	54	2
6	120	90	7	15	92	41	-

*les quantités de soude et de H$_2$O$_2$ sont relatives à 200 mL de solution.

Test de l'oxycellulose : on a pris une solution contenant 20 mL d'eau distillée, 0.08 g de nitrate d'argent. On l'ajoute sous agitation à une autre solution formée de 20 mL d'eau distillée, 0.4 g de thiosulfate de sodium et 0.4 g de soude. Ensuite, on a mis sous agitation 1 g des fibres extraites à ce réactif porté à l'ébullition et on le laisse agir pendant 5 min. Après un certain temps, si on observe une coloration marron foncée voire noire ce qui justifie la présence de l'oxycellulose.

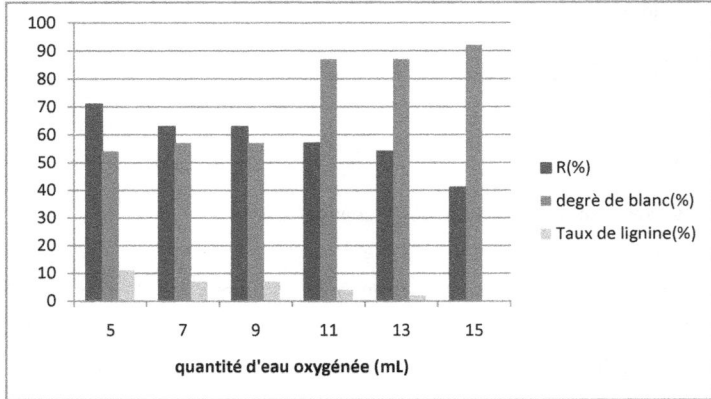

Figure 23. Effet de la variation de la quantité de H_2O_2 sur le taux de lignine, le rendement, et le degré du blanc.

La figure 23 montre l'influence de la variation de la quantité de peroxyde de sodium sur le taux de lignine, le rendement de l'extraction et le degré du blanc. On remarque que le rendement et le taux de lignine diminuent avec l'augmentation de la quantité de l'eau oxygénée quant au degré du blanc qui augmente. On a choisi une quantité de H_2O_2 égale à 11 mL car elle permet d'avoir un taux de lignine minimale sans dégradation de la cellulose (formation de l'oxycellulose). En effet, l'essai N°5 (H_2O_2=13 mL) permet d'obtenir un taux de lignine égal à 2 % mais avec cette quantité le degré du blanc demeure constant et après un test d'oxycellulose on remarque qu'il y a une énorme formation d'oxycellulose.

Lors de traitement de l'extraction, on a eu recourt à un procédés combiné alcalin et à l'eau oxygénée.

En faite, le pouvoir blanchissant des fibres extraites est obtenu par une activation du peroxyde d'hydrogène. L'eau oxygénée est considérée comme un acide très faible dont la réaction de dissociation produit l'ion hydroperoxyde (HO_2^-) qui est l'ion de blanchiment selon la réaction suivante :

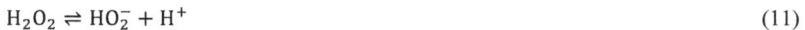

$$H_2O_2 \rightleftharpoons HO_2^- + H^+ \tag{11}$$

Mais, cette dissociation produit également les cations H^+ qui rend le bain le plus acide que possible, il est donc nécessaire de conduire le blanchiment avec une réserve d'alcalinité car sinon les H^+ s'unissent avec les anions HO_2^- .

En milieu alcalin, la vitesse de la réaction augmente avec la température. Lors de la formation de l'ion de blanchiment (ion perhydroxyle) qui réagit avec les impuretés colorées de la fibre et les transforme par oxydation en composés solubles.

Pour le bon déroulement de l'extraction de cellulose, on doit bien choisir les produits auxiliaires permettant d'assurer un mouillage maximal et une stabilisation de la quantité maximale utilisée de peroxyde d'hydrogène.

Ainsi, toutes les techniques de blanchiment au peroxyde d'hydrogène comportent une imprégnation totale des matières à blanchir dans une solution aqueuse dont les constituants sont les suivants :

❖   Le peroxyde d'hydrogène est un agent de blanchiment

❖   L'eau qui doit être propre, exempte de toutes impuretés métalliques et organiques.

❖   Un activateur dont le but est de transformer le peroxyde d'hydrogène en ions perhydroxyles. En faite, la soude est l'activateur le plus courant mais des sels alcalins tels que le carbonate de soude, le phosphate trisodique sont utilisés.

❖   Un agent de mouillage dont son rôle primordial est de favoriser la pénétration du bain de blanchiment dans la matière.

❖   Un agent stabilisateur (un séquestrant) destiné à protéger le peroxyde d'hydrogène de la décomposition catalytique, en captant les ions métalliques présents.

En faite, une décomposition catalytique, sous l'action de certains métaux, notamment le fer et le cuivre influence sur la qualité du traitement, soit par une perte d'agent de blanchiment, soit par une dégradation de la matière (provoquant une dégradation de la cellulose et donc une perte de résistance et une usure prématurée de l'article).

D'une façon générale, le blanchiment des fibres cellulosiques au peroxydes d'hydrogène est optimum à un pH de 10,5 à 11, à des températures comprises entre 80°C et 120°C et pour une durée comprise entre 45 minutes jusqu'à 5 à 6 heures [10].

Puisque le peroxyde d'hydrogène n'est pas stable en milieu basique et oxyde la cellulose lorsqu'elle est en contact avec l'oxygène de l'air, il faut bien choisir les meilleures conditions de procédé d'extraction de cellulose [8].

II.8. Conclusion

Le bon choix du procédé d'extraction de la cellulose à partir du palmier dattier dépend en premier lieu de l'origine, de la nature et de la composition chimique des feuilles utilisées. En effet, le choix des conditions opératoires de la méthode d'extraction est essentiel pour garantir la fiabilité des résultats ultérieurs (le greffage par l'acide itaconique). Certes, l'extraction doit répondre à trois critères fondamentaux: être quantitative, qualitative et non altérante. Ainsi, nous avons réussi à mettre au point un procédé combiné (NaOH=35 g/L et H_2O_2 =55 mL/L) d'extraction de la cellulose à partir de palmier dattier et nous avons pu atteindre un rendement de 57 %, un taux de lignine de 4 % et un degré de blanc de 87 % sans avoir trop d'oxydation de cellulose.

Nous signalons encore que la matière est très hétérogène et nous ne pouvons en aucun cas obtenir des fibres de même caractéristiques physico-chimiques. Nous n'avons pas pu caractériser la fibre obtenue d'une manière satisfaisante, mais il est certain que cette fibre aura une bonne absorption vu son taux élevé de cellulose.

III. Greffage de la cellulose

III.1. Introduction

Dans cette partie, nous allons essayer de modifier les fibres extraites avec l'acide itaconique afin d'améliorer le pouvoir absorbant en donnant de nouvelles fonctions chimiques (-COOH). Nous avons choisi un produit biologique et soluble dans l'eau se fixant à des températures peu élevées. Nous pensons toujours à une méthode réalisable industriellement, économique et écologique.

Dans ce chapitre, on a intérêt à optimiser les facteurs influençant la modification des fibres extraites via la détermination du taux de greffage de l'acide itaconique.

Des études assez récentes exploitent les fibres lignocellulosiques modifiées avec l'acide itaconique ou avec les mélanges d'acide itaconique et acrylamide. Sabaa [14] a modifié les fibres cellulosiques avec les acides itaconique. Il a montré que ces fibres teintes aux colorants basiques ont de bonnes solidités à la lumière et une intensité de nuance plus élevée. Mehlika [15] a utilisé les fibres de polyuréthane modifiées avec le mélange acide itaconique et acrylamide pour améliorer la mouillabilité des filtres à base de ces fibres.

Dans cette étude nous allons vérifier les conditions de modification utilisées par Sabaa [14], pour cette raison nous avons choisi la même méthode de variation des conditions de modification (concentration en initiateur, monomère, durée et température). Nous avons essayé de minimiser les quantités des produits utilisés.

III.2. Mode opératoire

La modification est faite par le greffage de l'acide itaconique sur les fibres cellulosiques extraites. En effet, dans un ballon tricol de 100 mL, on introduit 1g de fibres extraites sèches et une quantité d'amorceur désirée dans 100 mL d'eau épurée. On introduit le ballon dans un bain thermostaté à la température choisie. Le mélange réactionnel est maintenu sous agitation modérée pendant quelques minutes jusqu'à bien malaxer le mélange fibres/amorceur. Puis, on ajoute le monomère qui est l'acide itaconique avec la quantité choisie.

A la fin de la réaction, on prélève soigneusement les fibres de cellulose, puis on les rince avec de l'eau distillée et on les fait sécher à 60 °C. Ensuite, on pèse l'échantillon pour déterminer sa masse après greffage [12].

III.3. Le mécanisme réactionnel

Pendant le greffage de l'acide itaconique avec la cellulose, deux mécanismes principaux se produisent : une estérification et une polymérisation radicalaire [13].

En faite, la cellulose traité avec l'acide itaconique qui est un acide bifonctionnel contenant deux fonctions acides qui peuvent réagir avec les groupements hydroxyles de la cellulose d'une part selon le mécanisme suivant.

Or, d'autre part un groupement vinylique se présente d'où une rèaction de greffage peut se produire. La technique de greffage chimique est basèe sur le principe de la polymèrisation radicalaire dont le mècanisme se compose de trois étapes les suivantes : l'amorçage, la propagation et la terminaison.

L'initiation ou l'amorçage consiste à créer des sites radicalaires libres sur les chaines macromoléculaires via l'amorceur qui est le persulfate de sodium. La réaction d'amorçage comporte deux étapes principale. Au cours de la première étape, il y a une dissolution de l'amorceur dans le bain et la crèation par la suite d'un radical stable selon l'équation suivante :

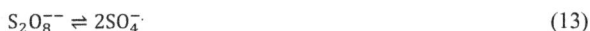

$$Na_2S_2O_8 \rightarrow 2Na^+ + S_2O_8^{2-} \qquad (12)$$

$$S_2O_8^{--} \rightleftharpoons 2SO_4^{-\cdot} \qquad (13)$$

Dans la deuxième étape, le radical libre crée s'additionne à la fibre et au monomère amorçant ainsi leurs chaines macromoléculaires.

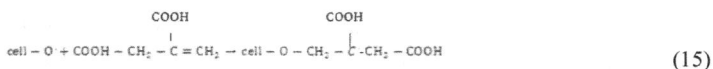

$$cell - OH + SO_4^{-\cdot} \rightarrow cell - O^\cdot + HSO_4^- \qquad (14)$$

$$cell - O^\cdot + COOH - CH_2 - \overset{\overset{\displaystyle COOH}{|}}{C} = CH_2 \rightarrow cell - O - CH_2 - \overset{\overset{\displaystyle COOH}{|}}{C} - CH_2 - COOH \qquad (15)$$

La deuxième phase de la polymérisation radicalaire est la propagation. C'est l'étape de la croissance des chaines formées suite à l'addition successive des molécules de monomère sur les molécules activées formées pendant la phase de l'amorçage. Ainsi chaque addition permet de créer un nouveau radical de même nature que le précèdent mais de taille différente.

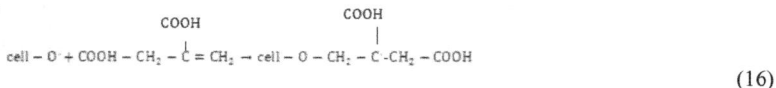

$$cell - O^\cdot + COOH - CH_2 - \overset{\overset{\displaystyle COOH}{|}}{C} = CH_2 \rightarrow cell - O - CH_2 - \overset{\overset{\displaystyle COOH}{|}}{C} - CH_2 - COOH \qquad (16)$$

$$cell-O-CH_2-\underset{\underset{COOH}{|}}{C}-CH_2-COOH + COOH-CH_2-\underset{\underset{CH_2}{\|}}{C}=CH_2 \rightarrow cell-O-CH_2-\underset{\underset{\underset{COOH}{|}}{\underset{COOH-CH_2-C=CH_2}{|}}}{C}-CH_2-COOH$$

$$(17)$$

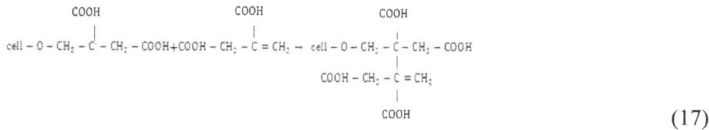

Au cours de la dernière étape, qui est la terminaison par une recombinaison biomoléculaire, deux chaines polymériques actives se combinent avec formation des liaisons covalentes pour donner une chaine plus longue. Cette terminaison moléculaire se déclenche lorsqu'il y a formation des radicaux incapables de propager la chaine en croissance.

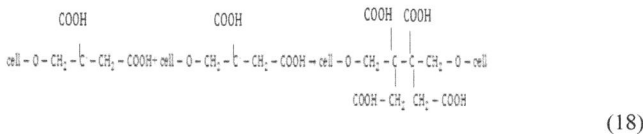

$$cell-O-CH_2-\underset{\underset{COOH}{|}}{C}-CH_2-COOH + cell-O-CH_2-\underset{\underset{COOH}{|}}{C}-CH_2-COOH \rightarrow cell-O-CH_2-\underset{\underset{COOH-CH_2}{|}}{\underset{COOH}{|}}{C}-\underset{\underset{CH_2-COOH}{|}}{\underset{COOH}{|}}{C}-CH_2-O-cell$$

$$(18)$$

III.4 La cinétique de greffage

L'étude cinétique des réactions chimiques nous permet de bien étudier les facteurs qui peuvent influencer la vitesse : température, pression, concentrations, présence d'un catalyseur, un retardateur etc. Ainsi cette étude permet d'avoir une idée pour bien comprendre les différentes interactions entre les différents paramètres. Pour analyser les différentes vitesses de la réaction de greffage on suppose que :

❖ La réactivité des radicaux libres est indépendante de la longueur de la chaine c'est-à-dire qu'on a la même réactivité et la même capacité de fixer un monomère quelque soit la longueur de la chaine ;

❖ On néglige la consommation des monomères dans les réactions du transfert (si elles existent) et d'amorçage ;

❖ On sait que la concentration des radicaux libres est généralement extrêmement faible. Il est admis qu'un état quasi stationnaire de la concentration du centre actif s'établit très rapidement, ceci revient à dire que les vitesses d'amorçage et de terminaison sont égales.

III.4.a. Amorçage

Cette étape d'initiation avec le persulfate de sodium va produire un radical libre selon les équations suivantes :

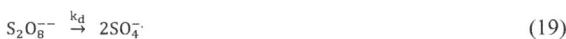

$$S_2O_8^{2-} \overset{k_d}{\rightarrow} 2SO_4^{-\cdot} \qquad\qquad (19)$$

$$\text{cell} - \text{OH} + SO_4^{-\cdot} \xrightarrow{k_a} \text{cell} - \text{O}^{\cdot} + HSO_4^{-} \quad (20)$$

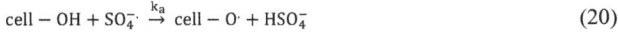

La vitesse d'amorçage se compose d'une vitesse de décomposition et une vitesse d'association.

La vitesse de décomposition de l'amorceur est v_d :

$$v_d=\frac{d[SO_4^{-\cdot}]}{dt}=2k_d[S_2O_8^{--}] \quad (21)$$

La vitesse d'association ou d'amorçage est v_a :

$$v_a= k_a[cell - O^{\cdot}]\,[COOH - CH_2 - \underset{|}{\overset{COOH}{C}} = CH_2] \quad (22)$$

Avec : k_a et k_d sont respectivement les constantes des vitesses d'association et de décomposition.

III.4.b. La propagation

La vitesse de propagation v_p est la suivante :

$$v_p=k_p[cell - O - CH_2 - \overset{COOH}{\overset{|}{C^{\cdot}}}-CH_2 - COOH][COOH - CH_2 - \overset{COOH}{\overset{|}{C}} = CH_2] \quad (23)$$

Avec : k_p est la constante de la vitesse de propagation.

III.4.c. La terminaison

La vitesse de terminaison v_t est la suivante :

$$v_t=2k_t[cell - O - CH_2 - \overset{COOH}{\overset{|}{C^{\cdot}}} - CH_2 - \overset{COOH}{\overset{|}{C}}OOH]^2 \quad (24)$$

Avec: k_t est la constante de la vitesse de terminaison.

III.5. Les facteurs à optimiser

D'après l'étude bibliographique, les facteurs primordiaux influençant le taux de greffage sont : la quantité de l'amorceur, la quantité de l'acide itaconique, la température et la durée de la réaction de greffage. Les niveaux de ces facteurs sont regroupés dans le tableau9.

Tableau 9. Niveaux des facteurs à optimiser lors de greffage.

Facteur	Symbole	Unité	Niveaux
Température	T	°C	70-75-80-85-90-95
Durée	D	minutes	60-90-120-150
Amorceur	A	g	0.01-0.03-0.05-0.07-0.09
Monomère	M	g	3-5-7-10-15-19.5-21-23-25

Le choix des conditions de greffage a été basé sur des études réalisées par des différents chercheurs [8,14..16].

III.6. Détermination du taux de greffage

On s'est intéressé dans ce cas à évaluer le rendement de la réaction de greffage de l'acide itaconique sur les fibres extraites en variant les facteurs (A, M, T, D).Pour cela, on est parti de 1g des fibres de cellulose extraites et on calcule par la suite le taux de greffage lors de cette réaction selon l'équation :

$$\mathbf{Tg(\%)} = \frac{(M_f - M_i)}{M_i} * \mathbf{100} \qquad (25)$$

Avec :

- M_f : la masse finale après le greffage
- M_i : 1g la masse initiale des fibres extraites

Lors de greffage de l'acide itaconique sur les fibres extraites, on a choisi de commencer de varier la quantité de l'amorceur utilisé tout en fixant la température et la durée respectivement à 85°C et 60 min selon la bibliographie et en utilisant une faible quantité de monomère. Après mesure du taux de greffage ou la masse finale on choisit la valeur qui nous donne un rendement maximale. Ensuite, on fait varier la quantité de monomère en fixant la quantité d'amorceur, température et la durée à respectivement 0.03 g, 85 °C et 60 min. De la même façon que précédemment on choisit 19.5 g car elle assure le taux de greffage le plus élevé. Ensuite, on fixe le monomère et l'amorceur à ces valeurs et la durée à 60 min tout en variant la température et on détermine la température correspondante à un taux de greffage maximal. Finalement, on maintenue la température, la quantité amorceur et la quantité monomère constante et on fait varie la durée de la réaction de greffage afin de trouver la valeur correspondante à un taux de greffage maximal.

Nous avons réalisé les essais dans un ordre croissant en testant en premier lieu l'effet de l'amorceur puis de la concentration en monomère, ensuite l'effet de la température et enfin de la durée.

Tableau 10. Les taux de greffage obtenus.

Essais	T (°C)	D (min)	A(g)	M(g)	M_r	Tg(%)
1	85	60	0.01	0.5	0.69	0
2	85	60	0.03	0.5	0.9	0
3	85	60	0.05	0.5	0.82	0
4	85	60	0.07	0.5	0.89	0
5	85	60	0.09	0.5	0.84	0
6	85	60	0.03	3	0.97	0
7	85	60	0.03	5	0.97	0
8	85	60	0.03	7	1.02	2
10	85	60	0.03	10	1.02	2
11	85	60	0.03	15	1.37	37
12	85	60	0.03	19.5	1.46	46
13	85	60	0.03	21	1.22	22
14	85	60	0.03	23	1.36	36
15	85	60	0.03	25	1.18	18
16	70	60	0.03	19.5	1.19	19
17	75	60	0.03	19.5	1.25	25
18	80	60	0.03	19.5	1.22	22
19	90	60	0.03	19.5	1.12	12
20	95	60	0.03	19.5	1.07	7
21	85	90	0.03	19.5	1.34	34
22	85	120	0.03	19.5	1.26	26
23	85	150	0.03	19.5	1.33	33

Remarque :

Le test de l'effet d'amorceur a été effectué avec des faibles concentrations en monomère pour mieux déceler son effet oxydant. Dans ce cas des oligomères peuvent être greffés et qui ne peuvent pas compenser son effet oxydant. Notre stratégie globale a été basée sur une consommation minimale des produits à des durées peu longues et des températures peu élevées.

D'après ces résultats obtenus, on constate qu'on peut classer les taux de greffage selon trois catégories :

❖ **Le taux de greffage le plus élevé**

Les fibres extraites greffées dans les conditions de l'essai N°12 (85 °C-60 min-0.03 g amorceur-19.5 g monomère) donne le taux de greffage maximale qui est de 46 %. Cependant, ce rendement dépasse celui trouvé dans la bibliographie qui est autour de 28 %. On suppose alors que notre échantillon final contient des homopolymères transformés suite à une réaction d'hompolymèrisation simultanément avec la réaction de greffage de l'acide itaconique.

❖ **Les taux de greffage proches du taux maximal**

Ces taux de greffage sont de l'ordre de 35% : par exemple pour l'essai N° 14, 21, 23.On suppose dans ce cas que la cellulose greffée est plus pure que celle obtenue dans l'essai N°12 malgré qu'on ait obtenu un rendement maximal. Mais, on ne doit pas négliger l'influence de l'hompolymèrisation sur l'augmentation du taux de greffage.

❖ **Les taux de greffage moyens**

D'après les valeurs obtenues des rendements de greffage, on remarque que si on augmente à la fois la durée du processus de greffage, la température, la quantité des amorceurs et de monomère le taux de greffage diminue progressivement. Il peut même atteindre une valeur nulle à cause de la dégradation des fibres due probablement aux conditions expérimentales qui sont très sévères.

III.7. Influence des paramètres de greffage

D'une manière générale, le mécanisme réactionnel de greffage comporte trois étapes essentielles : l'amorçage, la propagation, et la terminaison. La réaction de terminaison est contrôlée par la diffusion. Théoriquement, chaque site greffé en surface de la fibre amorce la croissance d'une chaine et chacune d'elles reste potentiellement active pendant toute la durée de la polymérisation. Il se forme une couche de polymère dont la surface est indépendante de la longueur des chaines. Réellement, certains sites peuvent perdre leur activité, soit par terminaison irréversible, soit en début de la polymérisation (figure24) **[17]**.

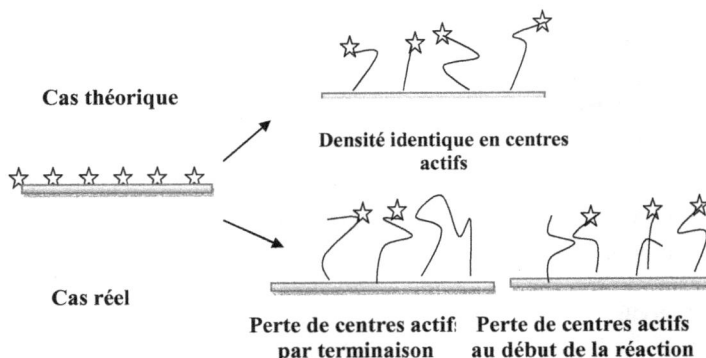

Cas théorique

Densité identique en centres actifs

Cas réel

Perte de centres actif: Perte de centres actifs
par terminaison   au début de la réaction

Figure 24. Variation de la densité des sites actifs sur la fibre **[17]**.

Plusieurs paramètres influent la réaction de greffage. On va présenter, dans ce qui suit, une étude de l'effet de chaque facteur : température, durée, quantité de l'amorceur et quantité de monomère.

III.7.a. Effet de la variation de la concentration de l'amorceur sur le taux de greffage

Nous avons choisi de commencer par tester l'effet d'amorceur. Pour cela nous avons utilisé une faible quantité de monomère pour ne pas consommer trop d'acide itaconique lors des essais. Pendant cette étude, nous avons utilisé 1 g de fibres sèches par essai.

La figure 25 montre les résultats obtenus pour T=85 °C, Temps=60 min et concentration de l'acide itaconique=5 g/L.

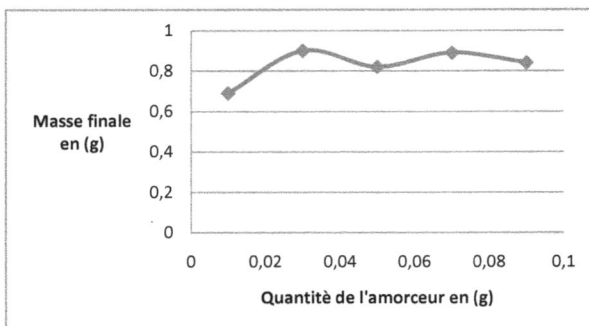

Figure 25. Influence de la variation de la concentration de l'amorceur avec T=85 °C, [acide itaconique]=5 g/L, temps=60 min.

On remarque que la masse finale est inférieure à la masse initiale, ce qui signifie que la réaction de greffage n'est élaborée qu'avec des chaines courtes. L'amorceur cause une oxydation de la cellulose et de la lignine existantes dans l'échantillon.

D'après la courbe, lorsque la quantité du l'amorceur augmente la masse finale des fibres augmente jusqu' à atteindre une certaine valeur seuil pour une masse de $Na_2S_2O_8$ égale à 0.03 g à partir de laquelle la masse finale commence à se dégrader mais avec une fluctuation sans atteindre de nouveau la valeur seuil. Ainsi, nous avons choisi la quantité 0.03 g qui a favorisé la moindre oxydation et un gain faible au niveau greffage.

D'une façon générale, il est clair que cette augmentation favorise le déroulement de la réaction de greffage. En effet, dans le milieu réactionnel, grâce à l'augmentation progressive des radicaux libres formés suite à la décomposition des molécules de l'amorceur, il y a une création d'un grand nombre de chaine de greffon capables de se fixer sur la fibre.

Au delà de cette valeur, l'augmentation de la quantité de l'amorceur assure à la fois une élévation remarquable de la densité surfacique des sites actifs sur la fibre et une augmentation de la quantité des homopolymères qui s'opposent à la diffusion du monomère à travers la surface de la fibre. Alors ceci favorise d'une part la possibilité de rencontre entre les monomères et les chaines des homopolymères en croissance et d'autre part l'augmentation probable des réactions de terminaisons entre chaines greffés et donc limiter le taux de greffage [14].

En conclusion, on remarque que pour des fortes concentrations en amorceur, il y a une augmentation de la densité en sites actifs à la surface de la fibre suffisamment proche pour déclencher progressivement des réactions de transfert et de terminaison (figure26). Essentiellement ces sont les réactions de transfert d'un greffon en croissance sur un autre greffon qui génèrent des structures réticulées. Lors du déroulement de la réaction de greffage, une précipitation de l'homopolymère greffé et de l'homopolymère formé dans le milieu réactionnel au voisinage des sites actifs et par le biais des réactions secondaires, la réticulation des chaines greffée sera favorisée avec l'augmentation des taux de greffage. Par contre pour des faibles concentrations en amorceur, on estime que les réactions de transfert de chaines seront limitées par les réactions de terminaison irréversibles [17].

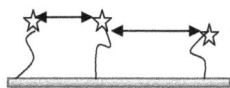

Faible concentration en amorceur   **Forte concentration en amorceur**

Figure 26. La densité des sites actifs sur la fibre en fonction de la quantité de l'amorceur **[17]**.

III.7.b. Effet de la variation de la concentration de monomère sur le taux de greffage

La figure 27 montre l'effet de la variation de la concentration de monomère sur le taux de greffage. Dans ce cas, la température et la durée ont été toujours maintenues à 85 °C et 60 min respectivement, et la concentration de l'amorceur est celle qui a donné le meilleur résultat dans la section III.7.a (0.3g/L).

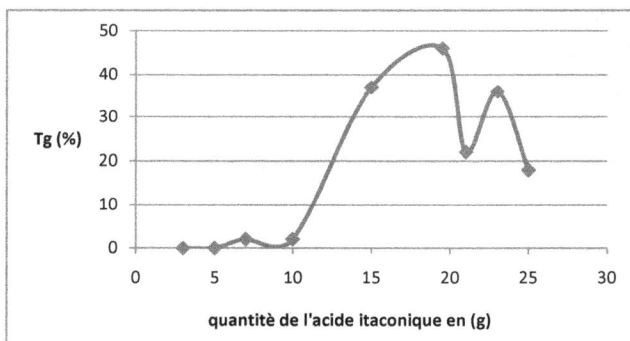

Figure 27. Influence de la variation de la quantité du monomère avec T=85 °C, [amorceur]=0,3 g/L, temps=60 min.

On remarque que pour des faibles concentrations en monomère, on a toujours un faible gain en masse dû d'une part à l'oxydation et d'autre part à la formation des simples oligomères.

L'augmentation de la quantité de l'acide itaconique provoque une grande augmentation de la masse finale des fibres greffées et par conséquent de taux de greffage. En outre, dans l'intervalle [10 ; 19.5], la pente est très importante ce qui se traduit par une augmentation rapide de la vitesse de greffage dans cet intervalle. Le taux de greffage atteint une valeur maximale pour une quantité de l'acide égale à 19.5 g. Au delà de cette valeur, il décroît progressivement. En augmentant la quantité de l'acide itaconique dans le milieu réactionnel, le taux de greffage augmente une autre fois légèrement. Cette perturbation peut être due à la nature hétérogène de la matière. Cette concentration a été retrouvée comme une concentration optimale en monomère lors de greffage de

54

la cellulose par l'acide itaconique **[14]**. Dans notre cas, le taux de greffage est plus important que celui trouvé par d'autres chercheurs malgré que notre produit contienne encore de la lignine. Au fur et à mesure que la concentration en monomère croit, le taux de greffage augmente et atteint son maximum. Ce résultat est peut être expliqué par le faite que le nombre des molécules de monomère dans le mélange réactionnel devient plus important et favorise par la suite la propagation des chaines en croissance **[18]**.

En augmentant encore la concentration en monomère dans le mélange réactionnel on favorise le nombre des chaines courtes et donc on assure la diffusion du mélange du monomère vers la fibre. Cependant, ce taux de greffage n'excède pas la valeur maximale de 46%, ceci est probablement dû à la saturation des sites radicalaires actifs présents à la surface de la fibre par les chaines en croissance. Au-delà de cette valeur, une légère augmentation de la concentration entraine une diminution brusque du taux de greffage ce qui peut être attribuée à la formation des homopolymères dans le mélange réactionnel car à ce niveau, la réaction d'homopolymère est la plus prépondérante **[14]**.

III.7.c. Effet de la variation de la température sur le taux de greffage

De même, on fixe la durée à 60 min (valeur retenue d'après la bibliographie **[14]**), la quantité d'amorceur à 0.3 g/L (valeur optimale déduite à partir de la section III.7.a), la quantité de monomère à 195 g/L (valeur optimale déduite à partir de la section III.7.b), et on fait varier la température. Les résultats sont montrés dans la figure 28.

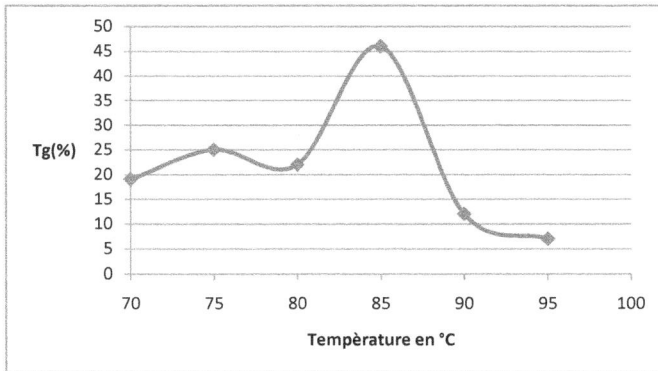

Figure 28. Influence de la variation de la température avec [monomère]=195 g/L, [amorceur]=0.3g/L, temps=60 min

On constate que lorsqu'on augmente la température, le rendement de greffage augmente au fur et à mesure jusqu'à atteindre une valeur seuil pour T =85 °C qui correspond à un taux de greffage maximale qui est 46 %.

Ce taux de greffage est ainsi affecté par la variation de la température du milieu réactionnel. En effet, une élévation au delà de la température de transition vitreuse accentue la diffusion du monomère du milieu vers la fibre. En effet, plus la température augmente, plus l'espacement entre les chaines de la zone amorphe est favorisé ; autrement dit que le volume libre dans la structure de la fibre augmente ce qui explique le mouvement des segments le long des chaines. Ces dernières vont glisser les unes par rapport aux autres ce qui facilite l'accès du monomère au support [18]. Ainsi, plus la température augmente, plus l'énergie d'activation des zones cristallines s'améliore car c'est grâce au gonflement de la fibre que la structure devient plus accessible aux espèces réactives [14].

Cette augmentation du taux de greffage peut être aussi expliquée par la mobilité des radicaux libres dans le milieu réactionnel et la formation des chaines courtes d'homopolymères qui peuvent se déposer sur la surface de la fibre.

Finalement, une élévation de la température permet l'augmentation de la vitesse de décomposition de l'amorceur en des radicaux libres ce qui facilite la diffusion rapide à l'intérieur de la fibre et l'élévation progressive de la vitesse d'amorçage et de propagation des chaines moléculaires.

III.7.d. Effet de la variation de la durée sur le taux de greffage

En fixant la température, la quantité d'amorceur et la quantité de monomère à leurs valeurs optimales (85 °C, 0.3 g/L et 195 g/L respectivement), et en faisant varier la durée du traitement du 60 à 150 min. On remarque que le taux de greffage atteint sa valeur maximale pour une durée de 60 min (figure 29). Au delà de cette valeur, il décroit progressivement.

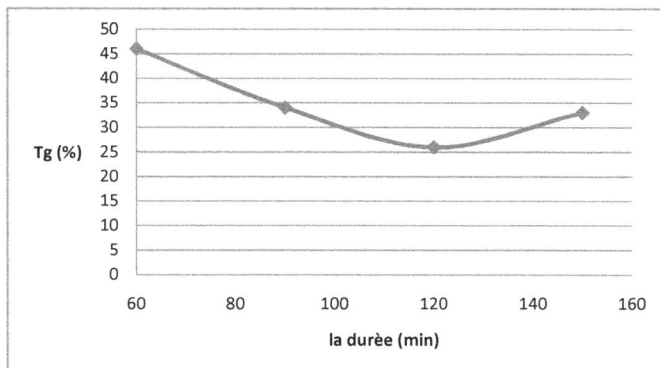

Figure 29. Influence de la variation de durée avec T=85°C, [amorceur]=0.3 g/L, [monomère]=195g/L.

Si on augmente encore la durée, le taux de greffage n'atteint pas la valeur trouvée pendant une heure de traitement. Une variation est produite, ceci est expliqué par la nature hétérogène de la fibre introduite.

L'obtention d'un taux maximale de greffage de l'acide itaconique sur les fibres extraites s'expliquera par une augmentation des nombres des sites activés à la surface de la fibre. Alors ceci revient à conclure que la vitesse de décomposition de l'amorceur en des radicaux libres augmente et par la suite la diffusion à l'intérieur de la fibre est plus facile.

Il est probable qu'avant une heure la réaction de la polymérisation est dans une étape d'amorçage et de propagation des chaines. C'est pour cela qu'à partir une heure il y a une formation des radicaux libres en croissance et évidement plus leur concentration augmente plus il y a de probabilité de réagir avec les fibres.

En résumé, cette étude sur l'effet des facteurs influençant la modification des fibres cellulosiques extraites, nous a permis de constater que les conditions opératoires affectent considérablement le déroulement de la réaction de greffage de l'acide itaconique sur les fibres du palmier. Ainsi, on a pu déterminer les conditions optimales permettant d'obtenir le taux de greffage maximal. En faite, le tableau 11 expose le résultat obtenu.

57

Tableau 11. Les conditions optimales pour le greffage de l'acide itaconique sur la cellulose extraite.

Paramètres	Valeurs optimales
Concentration amorceur	0,3 g/L
Concentration monomère	195 g/L
Température de la réaction	85 °C
Temps de la réaction	60 min

III.8. Elimination de l'homopolymèrisation lors de greffage de la cellulose

Au cours de la réaction de greffage de l'acide itaconique à la cellulose plusieurs réactions secondaires peuvent se produire en particulier d'homopolymèrisation qui influe sur l'avancement de la réaction de greffage. Elle provoque ainsi la diminution du taux de greffage du monomère sur la surface du support [17].

Dans le milieu réactionnel, de nombreux facteurs peuvent favoriser la formation des homopolymères, tels que la concentration en monomère, la concentration en amorceur, la température du milieu réactionnel, la durée de greffage etc. Pour faire face à ce phénomène d'hompolymèrisation, il faut contrôler d'une manière précise et efficace les conditions opératoires.

Pour éliminer cet effet d'homopolymèrisation, on a traité les fibres modifiées dans une solution de 1 g/l de NaOH et de 6 g/l de sel pendant 15 min à une température T=70 °C. Puis, l'échantillon est filtré et séché dans l'étuve à 50 °C [8].

III.8.1. Influence de la variation de la température

D'après les résultats vues précédemment (tableau 10), on observe que les taux de greffage pour les différentes valeurs de température(les autres conditions sont maintenus constantes et égales aux valeurs optimales), sont très élevés. Après élimination des homopolymères par la soude, ces taux de greffage sont révisés à la baisse (Tableau 12).

Tableau 12. Le taux de greffage obtenu après élimination des homopolymères en fonction de la température de la réaction de greffage.

Essais	Conditions de greffage				Avant		Après	
	T	D	A(g)	M(g)	$M_f(g)$	Tg(%)	$M_f(g)$	Tg(%)
1	70	60	0.03	19.5	1.19	19	1.05	5
2	75	60	0.03	19.5	1.25	25	0.9	0
3	80	60	0.03	19.5	1.22	22	0.88	0
4	85	60	0.03	19.5	1.46	46	1.23	23
5	90	60	0.03	19.5	1.12	12	0.97	0
6	95	60	0.03	19.5	1.07	7	0.84	0

Il est clair que l'essai N°4 (correspondant aux conditions expérimentales température =85°C ; amorceur=0.03 g ; Durée= 60 minutes et monomère=19.5 g) permet d'obtenir un taux de greffage le plus élevé après l'élimination des homopolymères (23%).

La figure 30 montre l'évolution de la masse finale des échantillons après le greffage et l'élimination des homopolymères par la soude (la masse initiale de l'échantillon étant égale à 1 g). On observe une dégradation de la matière pour les échantillons greffés en variant la température du milieu réactionnel.

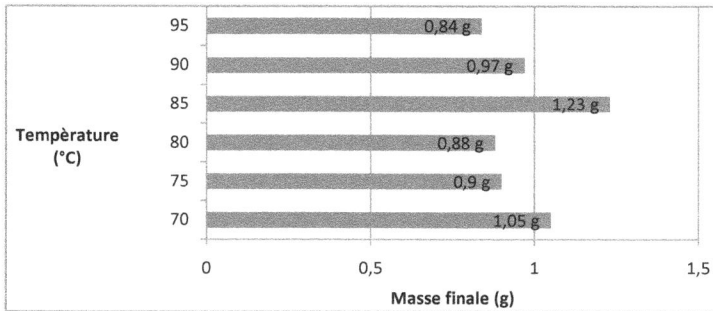

Figure 30. Evolution de la perte en masse des fibres greffées en fonction de la température.

En effet, pendant l'élimination des homopolymères, la détermination du taux de greffage devient plus difficile car il est très probable que non seulement les homopolymères vont être éliminés mais aussi une certaine portion des greffons. La perte en masse varie entre 3 % à 16 %.

III.8.2. Influence de la variation de la quantité de monomère

Concernant l'effet de la quantité du monomère sur le greffage (après élimination des homopolymères), on remarque que le taux de greffage varie entre 0 et 23%(conditions optimales). Le tableau 13 montre les résultats obtenus.

Tableau 13. Le taux de greffage obtenu après élimination des homopolymères en fonction de la quantité de la concentration de monomère.

Essais	Conditions de greffage				Avant		Après	
	T	D	A(g)	M(g)	$M_f(g)$	Tg(%)	$M_f(g)$	Tg(%)
1	85	60	0.03	15	1.37	37	1.07	7
2	85	60	0.03	19.5	1.25	46	1.23	23
3	85	60	0.03	21	1.22	22	0.89	0
4	85	60	0.03	23	1.36	36	1.05	5
5	85	60	0.03	25	1.18	18	0.99	0

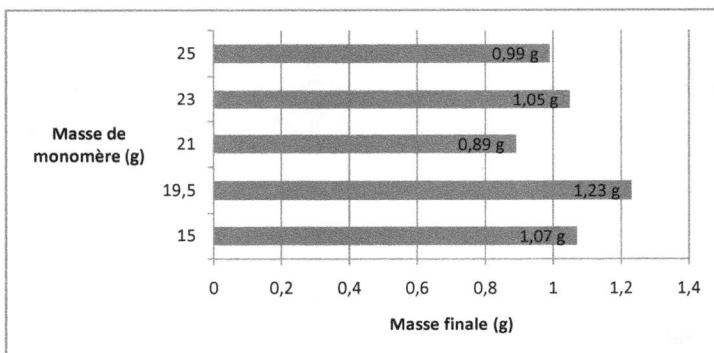

Figure 31. Evolution de la perte en masse des fibres greffées en fonction du monomère.

On observe toujours une perte de masse causée par la dégradation via l'utilisation de la soude. Cette perte varie entre 1% jusqu'à 11%.

III.8.3. Variation de la durée de la réaction de greffage

En variant la durée de la réaction et en maintenant les autres paramètres constants (ceux des conditions optimales), les taux de greffage obtenus après modification de cellulose extraite par l'acide itaconique et élimination des homopolymères sont donnés par le tableau 14.

Tableau 14. Le taux de greffage obtenu après élimination des homopolymères en variant la durée de la réaction de greffage.

Essais	Conditions de greffage				Avant		Après	
	T	D	A(g)	M(g)	$M_f(g)$	$T_g(\%)$	$M_f(g)$	$T_g(\%)$
1	85	60	0.03	19.5	1.46	46	1.23	23
2	85	60	0.03	19.5	1.34	34	1.02	2
3	85	60	0.03	19.5	1.26	26	1.02	2
4	85	60	0.03	19.5	1.33	33	0.93	0

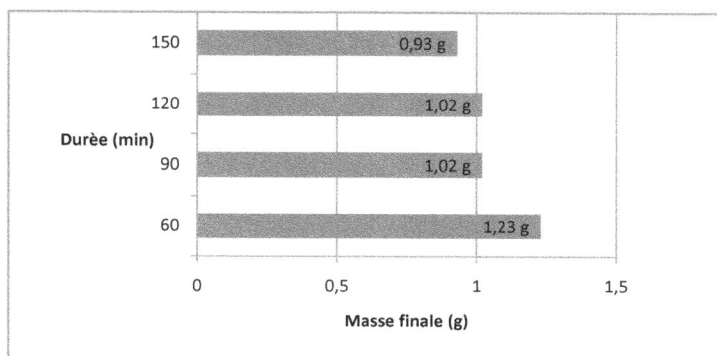

Figure 32. Evolution de la perte en masse des fibres greffées en fonction de la durée.

On remarque qu'il y a une certaine portion de la fibre a été dégradée suite à l'élimination des homopolymères fixés sur la fibre par l'action de NaOH. En effet, ce phénomène de dégradation de la matière peut être expliqué par deux raisons. D'une part, il y a une ouverture des hétérocycles de la cellulose au niveau des zones amorphes suite à une oxydation à cause de l'amorceur [8,19].

D'autre part, le greffage de l'acide itaconique peut se présenter soit à la surface de la fibre soit dans les zones amorphes. En effet, si le monomère entoure les fibres cellulosiques sous forme d'un film, ceci ne provoque pas une dégradation de la matière lors de l'élimination des homopolymères à l'aide de la soude. Mais si le greffage se produit dans les zones amorphes de la fibre, cette fois le monomère sera liée à la matière par des liaisons covalentes. Lors de l'élimination de l'effet de l'homopolymère, la soude sert à rompre la liaison liant l'acide itaconique et le support ce qui dégrade la fibre et provoque une perte de masse. Ainsi, la détermination du taux de greffage devient plus difficile.

Remarque : Pour tester la reproductibilité de nos essais, on refait l'essai dans les conditions optimales T=85 °C, [amorceur]=0,3 g/L, [monomère]=195 g/L, durée=60 min) plusieurs fois mais à chaque essai on trouve un Tg(%) différent. La figure 33 montre le résultat obtenu.

On a trouvé un taux de greffage moyen de 20,75% et un coefficient de variation (CV) de 29,28 %.

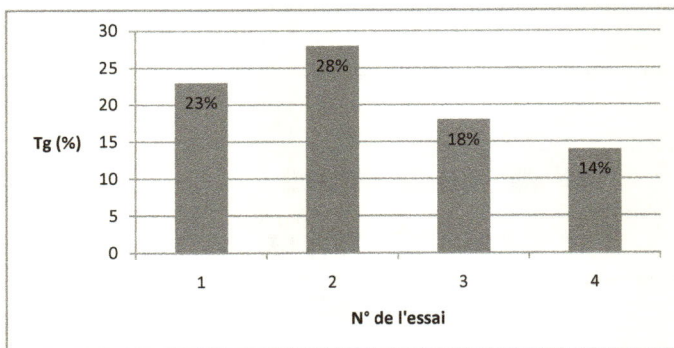

Figure 33. Variation de taux de greffage Tg(%) avec T=85 °C, [amorceur]=0,3 g/L, [monomère]=195 g/L, durée=60 min.

En effet, ce phénomène est probablement dû à la nature de la matière traitée. Ainsi lors de l'extraction, c'est vrai qu'on a optimisé les conditions opératoires dans le but d'améliorer le degré de blanc et d'augmenter le rendement. Mais même avec ces meilleures conditions, il est indispensable que la surface des fibres extraites contient un certain dépôt de lignine ce qui affecte le mécanisme d'activation de la surface des fibres et le greffage de monomère sur le support ceci va être détaillé dans ce qui suit.

III.9. Relation entre l'activation des fibres et le taux de greffage

On a fait deux essais selon deux modes opératoires différents. En effet, pour le premier on va utiliser une faible quantité de soude et il est suivi par une neutralisation par l'acide acétique. Quant au deuxième on a utilisé 17% de soude et il est suivi par un rinçage avec l'éthanol.

III.9.1. Mode opératoire 1

Le principe de cette méthode se base sur deux étapes. En effet au cours d'une première étape les fibres extraites de palmier seront traités dans 100ml de solution aqueuse contenant 0,6 g de soude sous agitation à une température fixée T=70 °C pendant 30 min. Par la suite, le produit obtenu est rincé, neutralisé à l'aide de l'acide acétique et séché dans l'étuve à 50 °C. Durant la deuxième étape qui représente la phase de greffage, les fibres traitées par NaOH seront greffées par l'acide itaconique dans les conditions optimales fixées préalablement. Les fibres modifiées seront ensuite filtrées et séchées dans l'étuve [22].

III.9.2. Mode opératoire 2

De même le principe de cette méthode aussi se base sur deux étapes. En faite au cours d'une première étape les fibres extraites de palmier seront traitées dans 100 mL de solution aqueuse contenant 17 % de soude sous agitation à une température fixée T=70 °C pendant 30 min. Par la suite, le produit obtenu est rincé à l'aide de l'éthanol et séché dans l'étuve à 50 °C. Durant la deuxième étape qui représente ainsi la phase de greffage, les fibres traitées par NaOH seront greffées par l'acide itaconique dans les conditions optimales fixées préalablement. Les fibres modifiées seront ensuite filtrées et séchées dans l'étuve [22].

III.9.3. Résultats

Le tableau 15 montre les taux de greffage obtenu pour les deux modes opératoires.

Tableau 15. Les taux de greffage obtenus après activation de la fibre.

	Tg(%) pour mode opératoire 1	Tg (%) pour mode opèratoire2
Fibres non activées	18	22
Fibres activées	14	28

On remarque que les fibres traités avec NaOH ont un taux de greffage plus élevé ceci s'expliquera par le faite que la soude sert à activer la fibre en créant des sites capable de fixer le monomère lors de greffage.

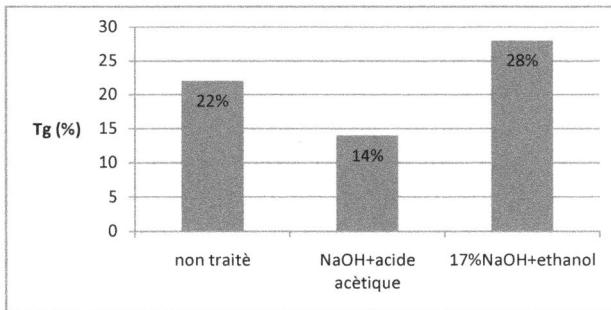

Figure 34. Influence de la concentration de NaOH sur le taux de greffage.

Cette étape d'activation à l'aide de l'hydroxyde de sodium permet de transformer le cellulose en alcali cellulose [23]. Ainsi selon la réaction suivante on a :

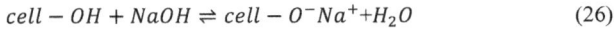

$$cell - OH + NaOH \rightleftharpoons cell - O^-Na^+ + H_2O \qquad (26)$$

Alors il y a une formation des sites actifs pour la fixation de monomère ultérieurement.

Il est clair que le taux de greffage des fibres traitées avec la soude et neutralisées avec l'acide acétique est très inférieur par rapport à celui des fibres traitées à la soude et rincées avec l'éthanol.

Ceci s'expliquera par le faite que l'éthanol permet d'éliminer le dépôt en excès de l'hydroxyde de sodium à la surface de la fibre sans altération des sites actifs contrairement à l'acide acétique qui dégrade les centres actifs où le monomère va se fixer.

III.10. Conclusion

Après cette étude de la modification chimique de la cellulose extraite, on a pu optimiser les facteurs de greffage: la température, la durée, la concentration de monomère et la concentration de l'amorceur. En effet, on a trouvé un taux de greffage maximal égal à 28%. On a amélioré le rendement de la réaction de greffage en utilisant l'hydroxyde de sodium pour l'activation de la surface de la fibre avec des sites capables de fixer le monomère.

Dans la partie suivante on va étudier le pouvoir absorbant des fibres extraites et modifiées.

IV. Caractérisation de la cellulose

Pour mieux comprendre les effets produits par l'extraction et la modification sur la fibre, des essais simples de caractérisation seront élaborés tel que la spectroscopie infra-rouge et la DSC. Nous avons programmé de faire d'autres essais de caractérisation mais par défaut de moyens nous n'avons réalisé que ces essais. Nous allons juste détecter la présence des greffons et voir leurs comportements thermiques à différents taux.

IV.1. Introduction

La matière extraite à partir des feuilles de palmier dattier peut contenir en outre de la cellulose, de lignine, d'hémicellulose et des autres composés qui peuvent altérer sa pureté. Et les conditions de l'extraction peuvent être très sévères au point qu'elles provoquent la dégradation de la cellulose. Ainsi, on a fait une analyse par FT-IR et par DSC.

IV.2. Analyse FT-IR

C'est l'une parmi les méthodes les plus utilisés afin de caractériser les fibres extraites et modifiés à l'aide de l'acide itaconique. Ainsi, cette méthode détecte les différents groupements chimiques sur la fibre à caractériser. En effet, les fibres sont broyées en présence de KBr, puis comprimées sous forme de pastilles et observées par transmission à l'aide d'un spectromètre infrarouge de type Schimatzu 8400 et traitées avec le logiciel Hyber .15 (figure 35).

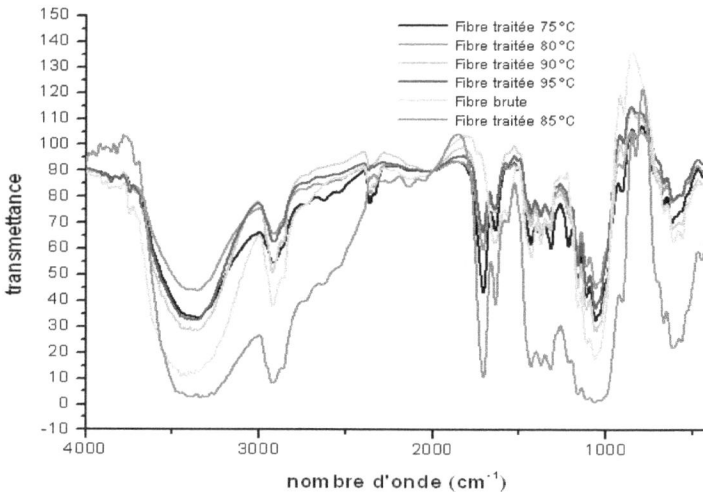

Figure 35. Les spectrogrammes infra-rouge pour différentes températures.

Les spectrogrammes présentent les bandes relatives à : 612, 1070, 1431 – 1320, 1637, 2915, 3400 cm^{-1}.

Les résultats infrarouges montrent que la matière brute ne contient pas une bande à 1700 cm^{-1}, cas contraire pour les échantillons modifiés. Cette bande est relative au groupement –COOH [20]. Les échantillons modifiés montrent une variation d'intensité à ce niveau ce qui permet à dire que le taux de greffage varie en fonction des conditions de modification. En effet, pour des températures de 75 °C l'intensité s'élève et cette intensité devient maximale pour la température de 85 °C (conditions optimales). Ces résultats confirment que les conditions de modification choisies sont les plus adéquates.

Lors de la modification l'intensité de la bande à 3400 cm^{-1} a diminué signalant la diminution des groupements hydrophile –OH ce qui peut montrer l'action de greffage sur ce site. Mais à un moment le taux s'élève et peut signaler la présence d'un cumul de monomère à la surface.

Les résultats infrarouges ont montré la présence d'une bande à 2480 cm^{-1} signalant l'oxydation de la cellulose. Ce résultat montre que notre méthode d'extraction à causé une oxydation estimée faible. Cette oxydation peut augmenter pour certaines conditions de modification, ceci peut être expliqué par une action oxydante de l'amorceur.

Ce résultat peut expliquer les pertes en masse trouvés lors de la variation de la concentration en amorceur.

Dans ce cas nous allons comparer les deux méthodes de modification qui sont avec ou sans activation à la soude. Les résultats (figure36) montent que la bande à 1700 cm^{-1} existe pour les échantillons modifiés. L'intensité est plus importante dans le cas de l'échantillon modifié sans activation. Le comportement de l'échantillon modifié avec activation a changé. En effet l'intensité de la bande à 3400 cm^{-1} a diminué et plusieurs bandes apparaissent à ce niveau. Cet effet peut être attribué à un changement des groupements suite à l'attaque de soude et le traitement avec l'éthanol. Ce résultat n'est pas très justifié, on pourra effectuer d'autres essais pour bien explorer ces effets.

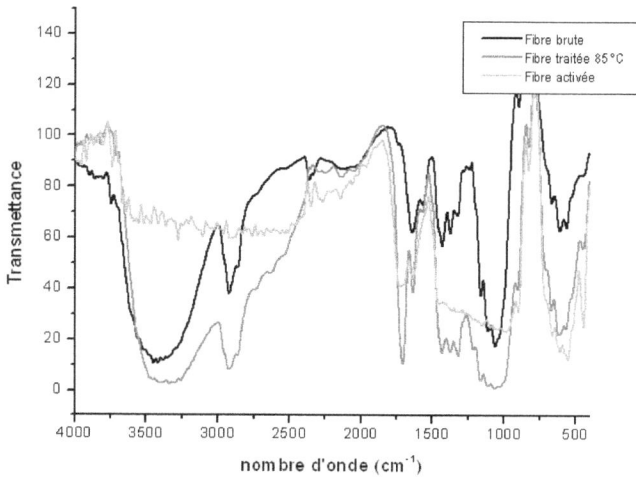

Figure 36. Les spectrogrammes infra-rouge pour différentes méthodes de greffage.

IV.3. Analyse DSC

Dans cette partie, nous allons présenter les résultats de l'analyse des fibres obtenues après les traitements suivants :

❖ Extraction avec une quantité de NaOH égale à 7g et une quantité de H_2O_2 égale à 11mL.

❖ Greffage dans les conditions optimales sauf avec variation de la température.

❖ Greffage dans les conditions optimales suite à activation avec NaOH suivie d'une neutralisation.

❖ Greffage dans les conditions optimales suite à une activation avec NaOH suivie d'un rinçage avec l'éthanol.

Tableau 16. Effet de la température de modification

Echantillon	Masse de	$T_v (°C)$
70 °C	6,2	74,68
80 °C	6,8	68,36
85 °C	5	65
90 °C	5,3	68,36
95 °C	4,4	71,76
Traité avec l'éthanol	4,4	64,38
Brute	3,9	74,9

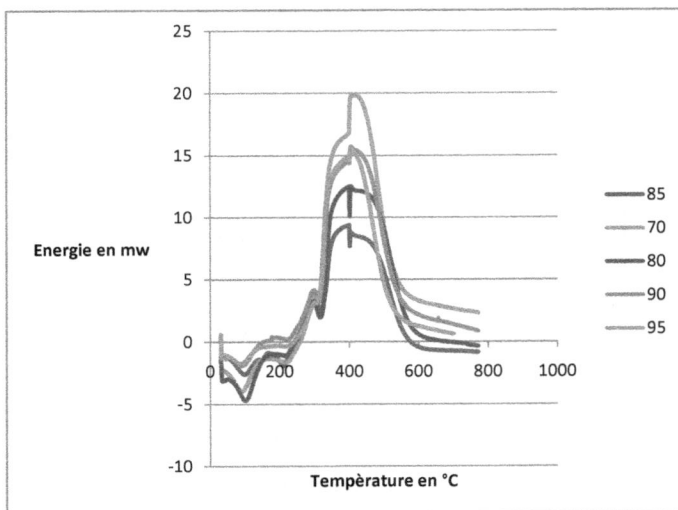

Figure 37. Présentation des résultats de DSC pour différentes température de greffage.

On observe d'après la figure 37 que toutes les fibres possèdent un point d'inflexion qi permettra de déterminer la température de transition vitreuse. Ce paramètre a été déterminé directement a partir de la machine en effectuant les tangentes. Les valeurs de la température de transition vitreuse sont récapitulées dans le tableau 16.

Les résultats trouvés ont montré que la température de transition vitreuse diminue lorsque le taux de greffage augmente. En effet, sa valeur est minimale pour la température de greffage de 85 °C. A cette température nous avons obtenu le maximum de taux de greffage.

L'ensemble de graphique montre la présence de quatre pics dont deux endothermiques (90 °C et 200 °C) et deux exothermiques (296 °C et 400 °C). Ce résultat monte que en plus de la cellulose existe un deuxième produit ayant une transition à 200 °C et une dégradation à 296 °C. A partir des résultats de la DSC on confirme le greffage de l'acide itaconique sur les fibres cellulosiques de palmier déjà extraites [21].

L'aire de pic à la température 400 °C peut nous donner une idée sur le pourcentage en masse de la cellulose par rapport à l'ensemble de l'échantillon. En effet, si lors de l'essai on peut garder la même masse ont peut calculer le pourcentage de l'acide itaconique. Dans notre cas, nous n'avons pas gardé une masse unique, mais les résultats obtenus peuvent nous donner une idée estimative.

Lorsqu'on examine l'aire des pics de carbonisation de la cellulose presque égale à 400 °C, on observe que cette aire diminue en augmentant le taux de greffage. Ce résultat est confirmé par la courbe relative à l'échantillon greffé dans les conditions optimales.

Les résultats (figure 38) montrent que la fibre brute ne présente qu'un pic de transition et un autre de carbonisation. Mais pour les échantillons modifiés s'ajoute un pic endothermique et un autre exothermique de carbonisation. En effectuant le greffage avec ou sans activation les résultats sont presque identique et ne présente qu'une légère différence au niveau de la température de transition vitreuse ceci peut être attribué à l'effet de l'excès de soude lors de l'activation.

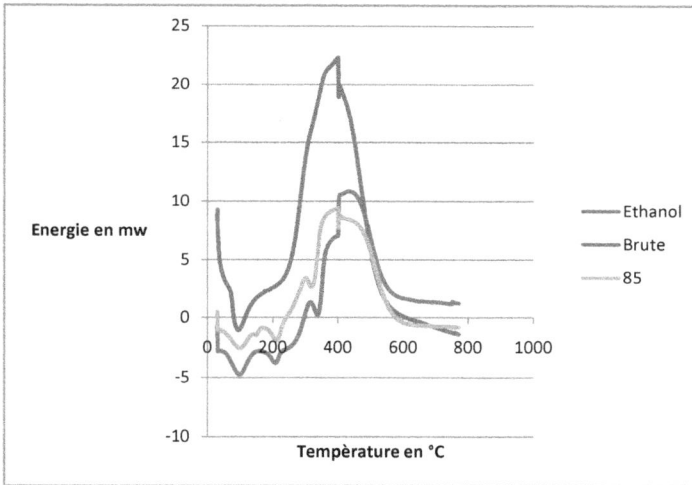

Figure 38. Présentation des résultats de DSC pour différentes méthodes de greffage.

IV.4. Conclusion

Cette étude a montré la réussite des protocoles de greffage. Nous avons pu justifier les conditions optimales de greffage en se basant sur une analyse DSC et les spectrogrammes IR.

V. Valorisation de la cellulose: Evaluation du pouvoir absorbant des fibres greffées

L'objectif de cette est de tester le comportement de notre produit vis-à-vis des rejets de teinture. En effet, nous allons tester son pouvoir à retenir ou absorber les colorants d'une solution à température ambiante. Deux paramètres sont à tester : la concentration et la durée d'absorption et de rétention. Nous avons choisi de tester un colorant réactif vu leurs consommations mondiales importantes.

V.1. Préparation du colorant

On dissout 5 % d'un colorant Rouge Bezaktiv S-2B (un colorant réactif, λ_{max}=538 nm) avec un RdB $=\frac{1}{40}$. Afin d'évaluer le pouvoir absorbant des fibres, on met sous agitation 0,5 g de fibre greffées auparavant dans les conditions optimales, dans une solution de colorant préparée à l'avance. On fait varier tout d'abord la durée de traitement en maintenant la température fixe (la température ambiante) ensuite on fait varier la concentration de colorant dans le bain.

Lorsque la durée du traitement de l'échantillon s'achève, on le filtre à l'aide d'un papier filtre. Puis, on prend la solution obtenue et on évalue son absorbance à l'aide d'un spectrophotomètre. Afin de déterminer la quantité de colorant absorbée par la fibre, on calcule le pourcentage de colorant selon cette formule de l'épuisement :

$$E(\%) = \frac{Ai-Af}{Ai} * 100 \tag{27}$$

Avec :

- Ai : absorbance initiale
- Af : absorbance finale

V.2. Influence de la durée sur l'absorption

La figure 39 montre l'effet de la variation de l'épuisement en fonction de la durée à la température ambiante et avec 5 % de colorant pour un RdB=1/40.

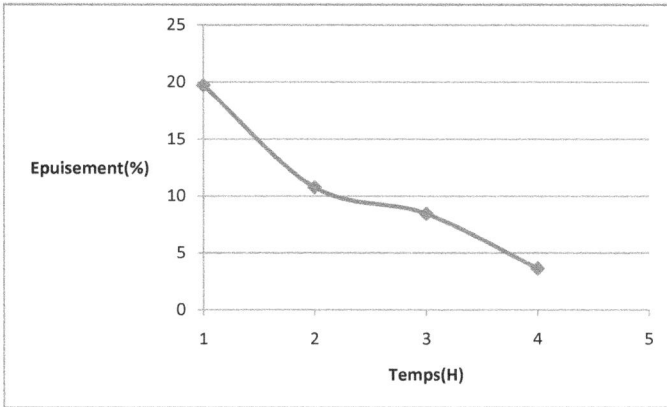

Figure 39. Variation de l'épuisement en fonction de la durée.

On remarque que l'épuisement diminue au cours de temps ce qui se traduit par deux phénomènes possibles. D'une part, il y a une adsorption ou un dépôt de colorant en surface de la fibre. C'est un effet de contact entre la fibre et les molécules de colorant. D'autre part, il y a un phénomène de pénétration ou de diffusion des molécules de colorant dans la fibre. Cette courbe montre qu'il y a une rapide adsorption au début mais l'épuisement diminue au fur et à mesure ce qui s'expliquera par le faite que le colorant est fixé sur la fibre par adsorption car d'une part on travaille à température ambiante et sans utilisation d'un sel ce qui limitera la fixation du colorant et d'autre part suite à l'agitation mécanique le dépôt fixé sur la fibre par adsorption s'élimine progressivement.

V.3. Influence de la quantité de colorant sur l'absorption

La figure 40 montre l'effet de la variation de l'épuisement en fonction de la quantité de colorant à la température ambiante et pendant 4 heures.

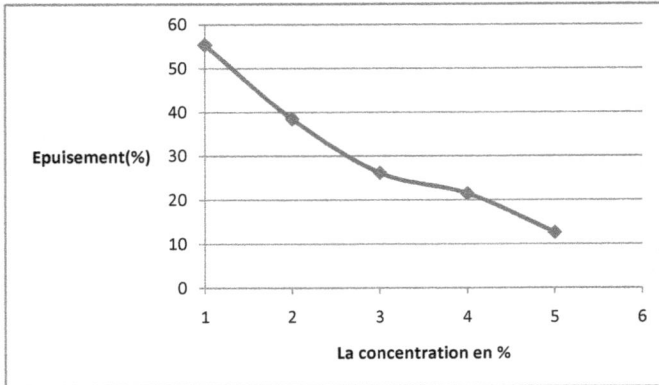

Figure 40. Variation de l'épuisement en fonction de la quantité du colorant.

On observe que plus la concentration de colorant augmente, plus l'épuisement diminue. Ce phénomène s'explique par le faite la fibre ne peut pas absorber en dépassant son taux de saturation.

V.4. Conclusion

D'après cette étude, les fibres modifiées ont un pouvoir absorbant élevé. Ces fibres peuvent être utilisables d'une manière très efficace dans le domaine de traitement des effluents. De ce faite, on a eu des fibres dont l'absorption diminue au cours du temps. Ces résultats montrent que la fibre adsorbe une quantité importante de colorant au premier moment, sous agitation et à des durées élevées les fibres libèrent le colorant adsorbé.

Ces études montrent que la fibre de palmier modifiée peut être utilisée pour récupérer les colorants des solutions de teinture. Le filtre élaboré adsorbera les colorants qui seront récupérés par une simple action mécanique ou un lavage.

Conclusion générale & Perspectives

Les fibres naturelles ont des propriétés très intéressantes ; elles sont légères, biodégradables et ont des propriétés physiques et thermiques avantageuses pour beaucoup d'applications. Mais, ces fibres présentent également quelques défaillances ce qui rend leur utilisation délicate dans certaines applications par exemples leur hétérogénéité rend quelques fois leur exploitation moins intéressante que celle des fibres synthétiques.

Ces raisons ont orienté notre travail vers les objectifs suivants :

* ❖ Une méthode d'extraction adéquate ;
* ❖ Une modification dont le but d'améliorer les défaillances possibles ;
* ❖ Une caractérisation satisfaisante ;
* ❖ Une application convenable.

Au cours de ce travail nous avons réussi à mettre au point un procédé combiné (NaOH et H_2O_2) d'extraction de la cellulose à partir de palmier dattier et nous avons pu atteindre un rendement de 57 %, un taux de lignine de 4 % et un degré de blanc de 87 %.

Ce travail a été complété par une modification chimique de la cellulose extraite par un greffage de l'acide itaconique. Ce mécanisme est basé sur une réaction d'estérification et une polymérisation radicalaire.

Le greffage de la cellulose était dans le but d'optimiser les facteurs expérimentaux influençant le taux de greffage. On a pu atteindre un taux de greffage égal à 28%. On a aussi amélioré le résultat par utilisation l'hydroxyde de sodium comme un agent d'activation de la fibre pour développer les sites actifs sur le support.

Par ailleurs, nous avons effectué une étude des fibres nues et des fibres modifiées par différentes techniques de caractérisation :

* ❖ L'étude par spectroscopie IR à transformée de Fourrier.
* ❖ Une analyse DSC

Ces techniques ont permis de mettre en évidence le greffage d'acide itaconique sur la cellulose du palmier dattier et la modification qu'elle a connu la fibre extraite des feuilles du palmier.

La valorisation de notre échantillon était aussi l'un de nos objectifs. En effet, l'étude de performance d'absorption de la matière extraite et modifiée, à partir des feuilles de palmier dattier nous a permis de remarquer que notre support peut être utilisé comme un filtre capable d'absorber les rejets de teinture de l'industrie textile jusqu'à un certain taux puis il sera nettoyé et réutilisé.

Pour mieux améliorer ce travail, une étude basée sur le plan d'expérience fractionnel sera envisagée selon ce tableau (tableau 17) :

Tableau 17. Les combinaisons de plan d'expérience fractionnel.

Amorceur (g)	Durée (H)	Température	Monomère (g)
0.01	1	75	10
0.01	1.5	80	15
0.01	2	85	19.5
0.01	2.5	90	25
0.03	1	80	19.5
0.03	1.5	75	25
0.03	2	90	10
0.03	2.5	85	15
0.05	1	85	25
0.05	1.5	90	19.5
0.05	2	75	15
0.05	2.5	80	10
0.07	1	90	15
0.07	1.5	85	10
0.07	2	80	25
0.07	2.5	75	19.5

Comme perspectives à ce travail, nous envisageons d'optimiser les paramètres expérimentaux de la modification des fibres extraites du palmier par les zéolites (des minéraux à base d'aluminosilicate ayant une structure tridimensionnelle) afin d'améliorer leurs pouvoir absorbant et de tester un colorant cationique.

Références

[1]   R. Khiari, *La cellulose du palmier dattier: Extraction et préparation de la carboxymethylcellulose. Etude de quelques applications textiles.* Memoire De Mastère, ENIM, 2005.

[2] M. R. Moha Taourirte, N.Issartel, H. Sautereau et N. S. Jean-François Gérard. *Short palm tree fibers – Thermoset matrices composites. Composites*: PartA, vol. 37, pp. 1413-1422,2006.

[3]   N.Ben Mansour, *Etude de performance de produits renouvelables et locaux adaptès aux applications de l'isolation thermique dans le batiment.*these doctorat,2011.

[4]   J.Ribet, *Fonctionnalisation des excipients:Application à la comprimabilité des celluloses et des saccharoses.*Thèse,Université de Limoges P.10-13,2003.

[5]   N.Joly, *Synthèse et caractèrisation de nouveaux films plastiques obtenus par acylation et rèticulation de la cellulose.*Thèse,Université de Limoges P.10-13,2003.

[6]   C.Satge, *Etude de nouvelles stratégies de valorisation de mono et polysaccharides.* Thèse pour obtenir le grade de Docteur de L'Université de Limoges, Novembre 2002.

[7] M.Mazza, *Modification chimique de la cellulose en milieu liqu ide ionique et CO 2 supercritique.*THESE DE DOCTORAT DE L'UNIVERSITÉ DE TOULOUSE,2009.

[8]   I.B.Marzoug, *caractèrisation et modification des fibres d'alfa en vue de leur utilisation en application textile.*Thèse De Doctorat.ENIM, 2010.

[9]   B.Kennaoui, *Etude,synthèse et obtention de matèriaux composites à partir de cellulose de polyacrylamide et de polystyrène.* Thése de doctorat, 2009.

[10] A.El Ghali, *Caractèrisation physico chimique des fibres d'alfa.Application à la   dèpollution des rejets textiles.*Mèmoire De Mastère,2004.

[11] A.Bessaghaier, *Contribution à l'étude du comportement mècanique des fibres d'agave ammèricana L.*Thèse Doctorat,2010.

[12] S.Ben Brahim, R Ben Cheikh, *Influence of fibre orientation and volume fraction on the tensile properties of unidirectional Alfa-polyester composite*, 2005.

[13]G.canché-Escamilla,J.I.Cauich-Cupul,E.Mendizabal,J.E.Puig,H.Vazquez-Torres,P.J..Herrera-Franco, *Mechanical properties of Acrylate-grafted henequen cellulose fibers and their application in composites*,1998.

[14] M.W.Sabaa, S.M.Mokhtar, *Chemically induced graft copolymerization of itaconic acid onto cellulose fibers*, 2001.

[15] **P.Mehlika, B.Dogan,** *Surface modification of PUmembranes by graft copolymerization with acrylamide et itaconic acid monomers,* 2000.

[16] **A.Pourjavadi, N.sheikh,** *Grafting of Acrylamide onto kappa carrageenan via gamma irradiation:optimization and sweelling behavior,* 2007.

[17] **O.Ben Aicha,** *Modificationde surface desfibres PA6,6 par greffage chimique.*These Doctorat,Universitè des sciences et technologies de Lille I, 2004.

[18] **D.Xue-Ru, L.Da-Zhuang Liu, S.Pei - Qin Sun, S.Shao- Hui.** *Synthesis of Acrylic Modified chlorinated Polypropylene and its Solvent Solubility,*2007.

[19] **D.J.Macdowall, D.S.Gupta.** *Grafting of vignyl monomers to cellulose by ceric ion innitiation,*2004

[20] **A.Bessadok, S. Marais, S. Roudesli, C. Lixon, M. Métayer.***Influence of chemical modifications on water-sorption and mechanical properties of Agave fibres,*2007

[21] **T. Randriamanantena, L. Razafindramisa1, G.Ramanantsizehena1, A. Bernes, C. Lacabane .***Thermal Behaviour Of Three Woods Of Madagascar By Thermogravimetric Analysis In Inert Atmosphere.*

[22] **H.F.NAGUIB.** *Chemically Induced Graft Copolymerization of Itaconic Acid onto Sisal Fibers. Chemistry Department, Faculty of Science, Cairo University, Giza, Egypt.*

[23] **M.J.John, R.D. Anandjiwala,** *Rècent developments in chemical modification and characterization of natural fiber reinforced composites*